蚂蚁

行为·食用·药用

（第二版）

编　著　库宝善
庄鸿娟
姚海燕

北京大学医学出版社

MAYI XINGWEI SHIYONG YAOYONG

图书在版编目（CIP）数据

蚂蚁行为·食用·药用/库宝善，庄鸿娟，姚海燕编著.—北京：北京大学医学出版社，2007.3
ISBN 978-7-81116-228-8

Ⅰ.蚂… Ⅱ.①库…②庄…③姚… Ⅲ.①蚁科—基本知识②蚁科—食物疗法 Ⅳ.Q969.54 R247.1

中国版本图书馆CIP数据核字（2007）第034506号

蚂蚁-行为·食用·药用

编　　著：库宝善　庄鸿娟　姚海燕
出版发行：北京大学医学出版社（电话：010－82802230）
地　　址：（100083）北京市海淀区学院路38号　北京大学医学部院内
网　　址：http://www.pumpress.com.cn
E－mail：booksale@bjmu.edu.cn
印　　刷：北京东方圣雅印刷有限公司
经　　销：新华书店
责任编辑：张立峰　**责任校对**：杜悦　**责任印制**：郭桂兰
开　　本：850mm×1168mm　1/32　**印张**：5.75　**字数**：141千字
版　　次：2007年3月第2版　2007年11月第2次印刷　**印数**：7001－10000册
书　　号：ISBN 978-7-81116-228-8
定　　价：10.80元

序　言

闲暇散步或郊游，稍加留意，于河边、路旁、树林、草丛、山坡、岩壁，几乎到处都可以见到这种小生灵——蚂蚁。

在一般人的心目中，蚂蚁是如此平凡、渺小，文人们常用“蚍蜉撼树”来比喻自不量力，不留神即使爬到你身上也浑然不觉，一脚下去就可能会踏死几只。

然而，在国内外关于蚂蚁的专著已不下百种，研究论文又何止千万，专家们对于蚂蚁的评价如此之高，实出人们意外，为什么呢？

首先，蚂蚁的种类之多位居陆生动物之冠，可达万种以上；其分布之广亦可推首位，除极地和高山常年积雪处，几乎遍布全球各地；从八千万年前的蚂蚁化石直到今天的蚂蚁，形态结构竟无多大变化，在漫漫的历史长河中，沧桑巨变，有多少动物种属灭绝了，多少动物种属已变得面目全非，物竞天择，这正是《进化论》之精髓，而公然向达尔文提出挑战的竟是这小小的昆虫！

等级制、奴隶制、分工制、栽蘑种谷、放牧取蜜，本该是人类社会的产物，但蚂蚁却在人类出现几千万年前就早已付诸实施了。不仅如此，体现人类智慧的军事行为，如专职战斗成员，开展近战、偷袭、奔袭、围剿、分兵御敌、摆长蛇阵、进行化学战等，也并非人类的专利，因其远在蚂蚁之后。

建筑体现了人类的文明和创造，茅棚草屋、砖房瓦舍、尼庵僧庙、皇宫古堡、楼堂馆所，的确值得后人骄傲，但蚂蚁亦可在地下、地上、树上，用泥土、草茎、树叶、丝物筑巢做窝，堪称自然界神奇的建筑师。

蚂蚁虽小，却气力极大，聚集成群威力更是无比；兵蚁军团所过之处，动物几乎绝迹，就连毒蛇猛兽甚至人也不得不退避三舍，否则只能是变成一具具骷髅。

蚂蚁虽小寿命却不短，工蚁数年，蚁后十余年，因此营养丰富，躯体含有多种蛋白质、氨基酸、维生素和微量元素。正因为如此，各国食蚁的历史相当久远，恐怕早在初期人类就已常吃蚂蚁了，至今大猩猩仍会用叶脉钓蚂蚁吃。

蚂蚁有极高的药用价值，从文献和我们的工作证实，蚂蚁具有抗炎、镇痛、杀菌防腐、提高免疫力、减少胃酸分泌、预防溃疡发生、抗癫痫抗惊厥、防癌抗癌、兴奋性功能等药理作用。北京大学医学部药理学系、食品及营养卫生学系、应用药物开发研究室合作，系统开发蚁类系列食疗产品，并已取得了较大进展。

随着研究的深入和资料的积累，蚂蚁的神奇行为，蚂蚁的独特疗效，深深地吸引了我们，促使我们写成了这本小书，希望它会给您增添乐趣，而蚂蚁系列食疗产品能助您健康长寿。

本书力求生动活泼，通俗易懂，故标题采用了章回式，情节故事化，插图帮助理解，蚁名也多采用俗称。为不失其科学性，在各节末尾标出有关英文专业名称，书后列出20余种主要参考书目，以供专业人员查寻。尽管如此，毕竟作者均非昆虫学家和蚂蚁分类学家，若有不妥之处还望诸位能予以指正，不胜感激。

库宝善

于北京大学医学部

目　录

上篇　蚂蚁的行为与习性

1　欲做蚁后，先要奋斗 …… 1

1.1 蚁巢口所见（1）1.2 新婚旅行（4）

2　蚂蚁王国，分工严格 …… 12

2.1 永远的历史，众多的种类（12）　2.2 完善的制度，严格的分工（15）2.3 蚂蚁社会的阶级分化（19）2.4 蚂蚁小型家族兴衰史（21）

3　能工巧匠，营巢造房 …… 23

3.1 地面及地下蚁巢（24）3.2 树上的蚁巢（27）

4　特异功能，信息沟通 …… 32

4.1 舞蹈与视觉（33）4.2 连接行进（34）4.3 非洛蒙的神奇功效（34）4.4 生命攸关的触角（38）4.5 振动发声与听觉（41）

5　安居乐业，疆土战略 …… 42

5.1 纺织蚁的势力范围（44）5.2 收获蚁的蚁道（46）5.3 蜜罐蚁的势力范围（47）

6　防卫有术，兵器天赋 …… 50

6.1 大颚与头栓（52）6.2 毒刺与毒液（53）6.3 粘液防卫（54）6.4 裂腹阻敌（54）

7　蚍蜉撼树，栽种蘑菇 …… 56

7.1 蚂蚁是怎样学会栽种蘑菇的（56）7.2 栽培的全过程（57）7.3 田间管理（59）7.4 释放活性物质（59）7.5 地上巨蘑（60）7.6 菌丝球的营养价值（60）

8　兼作农夫，栽种五谷 …… 61

8.1 播种蚁与割草蚁（61）8.2 面包师（62）8.3 蚂蚁灭火（63）

9 不吐不快，腹作贮袋 …………………………………… 64
9.1 工蚁间的食物交换（64）9.2 贮藏蚁（蜜罐蚁）（65）
10 养畜放牧，精心照顾 …………………………………… 68
10.1 蚂蚁与蚜虫（68）10.2 大黑蚁与黑蚬蝶（69）10.3 蚂蚁的畜牧业与人类的农业（72）
11 强掠为奴，久必臣服 …………………………………… 73
11.1 红山蚁掠夺奴隶的战争（73）11.2 奴隶反仆为主（76）11.3 无奴则家亡（77）11.4 奴隶的反抗（78）
12 军威浩荡，势不可挡 …………………………………… 79
12.1 攻击阵势（79）12.2 野营迁移与生殖周期（81）
13 好逸恶劳，寄生有道 …………………………………… 83
13.1 屠夫蚁与黑山蚁（83）13.2 切首蚁与尼盖里木恩蚁（84）13.3 阿艾鲁咖台斯与皱蚁（85）13.4 苔来乌多密鲁迈克期与褐皱蚁（85）
14 欲穷其妙，请好此道 …………………………………… 87
14.1 工蚁的身体（87）14.2 野外观察（88）14.3 观察受精雌蚁产卵及幼虫生长过程（90）
15 千秋功过，谁与评说 …………………………………… 94
15.1 蚂蚁用于医疗（95）15.2 蚂蚁做饲料（97）15.3 蚂蚁驱除害虫（98）15.4 蚂蚁与病菌（100）15.5 蚂蚁侵入房舍（101）15.6 蚂蚁与电信（102）15.7 蚂蚁与同翅目昆虫（103）15.8 蚂蚁与西瓜（104）
16 蚂蚁杂趣，信手拾遗 …………………………………… 105
16.1 树木雇佣蚂蚁为守卫（105）16.2 蚂蚁为蚜虫盖房子（105）16.3 蚂蚁与香料（106）16.4 蚂蚁与昆虫标本（106）16.5 蚂蚁与阿拉伯胶（107）16.6 蚂蚁与登山（107）16.7 蚂蚁与南洋女（108）16.8 蚂蚁与楚霸王（108）
17 综合措施，退治恶蚁 …………………………………… 110
17.1 捣毁蚁巢斩草除根（110） 17.2 诱捕毒杀（110） 17.3 竹筒诱杀（111） 17.4 消灭住宅里的蚂蚁（111）

下篇　蚂蚁的食用与药用

18　南北西东，食蚁成风 ………………………………… 113

18.1 亚洲食蚁习俗（113）18.2 澳洲大陆食蚁风俗（115）18.3 非洲食蚁风俗（115）18.4 美洲大陆食蚁风俗（116）18.5 欧洲食蚁风俗（116）

19　微量元素，天然宝库 ………………………………… 118

19.1 何谓微量元素（118）　19.2 微量元素与人体健康（118）19.3 蚂蚁与微量元素（119）

20　痹症风湿，蚂蚁克之 ………………………………… 122

20.1 类风湿性关节炎（122）20.2 从金刚丸到蚂蚁丸（123）20.3 补肾健脾与免疫调节（124）

21　食疗功用，防病治病 ………………………………… 126

21.1 营养丰富，保健佳品（126）　21.2 异病同治，疗效喜人（127）

22　药理实验，前景灿烂 ………………………………… 130

22.1 蚂蚁的消炎作用（132）　22.2 蚂蚁的镇痛作用（134）22.3 蚂蚁的免疫增强作用（136）　22.4 蚁液的抗惊厥抗癫痫作用（140）　22.5 蚂蚁粉对小鼠食欲、体重、自主活动和性功能的影响（142）　22.6 蚁液对大白鼠胃酸分泌和应激性溃疡的影响（143）

23　"蚁皇神粉"，保健佳品 ………………………………… 144

23.1 拟黑多刺蚁与健康（144）　23.2"蚁皇神粉"营养成分分析报告（146）23.3 灵芝蚁宝（149）　23.4 一身清胶囊（153）23.5 全方味（155）

附：玄驹的传说 ………………………………… 158

主要参考书目 ………………………………… 172

上篇 蚂蚁的行为与习性

1 欲做蚁后，先要奋斗

1.1 蚁巢口所见

外出散步、野外旅行或田间劳动的间歇，只要你稍加留意，就会看到这种在陆地上种类和数量最多的小生灵——蚂蚁。

平时谁会留意蚂蚁呢？谈到它们，人们往往以蔑视的目光，不屑一顾的口气："蝼蚁之辈"，"蚍蜉撼树谈何易"……但当你细心观察和深入思考之后，就会发现和体会到蚂蚁王国是那么的奇妙神秘，蚂蚁与人类的关系是那样密切。值得我们为蚂蚁写一本传记，值得我们为蚂蚁歌功颂德。

只要你稍加注意，就会发现，蚂蚁有大个儿、小个儿；颜色有黑、黄、褐、红、蓝、花等；形状有大头、小头、长身、短身之分。如果是在春夏之交，你还可以看到带翅膀的蚂蚁。平时我们在蚁巢口（俗称蚂蚁窝或蚂蚁洞）附近，可以看到三种蚂蚁；工蚁、生育雌蚁和雄蚁（图 1）。

1.1.1 工蚁

它们是由受精卵孵育出来的，一般无生殖能力，但是特殊品种或特殊需要时期，工蚁也可以恢复生殖能力，替代蚁后。工蚁是蚂蚁家族中最多的成员，从成虫到死亡，担负着蚁巢的除生殖活动外的一切工作。因为工作内容太多，我们将在专门的章节，再向您详加介绍。

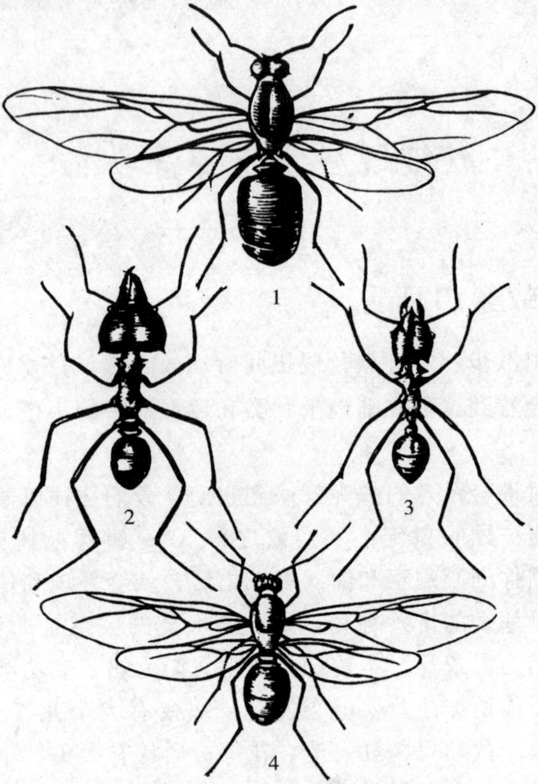

图1 切叶蚁家族成员

1. 带翅雌蚁（放大1.5倍） 2. 大工蚁（放大2.5倍）
3. 小工蚁（放大4倍） 4. 带翅雄蚁（放大1.5倍）

工蚁与家族其他成员相比，身体较小，但根据工作需要，往往又分成大工蚁和小工蚁两种，大小之差可达2倍。很难说清它们谁的本事更大、更能干、更重要，只是分工不同，各有所长，都是维持蚂蚁家族兴旺必不可少的成员。

工蚁的视觉并不发达，复眼很小，单眼也多已退化，有些整天在暗无天日的洞穴中工作的工蚁，甚至是全盲。

工蚁的触觉和其他感觉比较发达，平时进行信息交流，意志的沟通，都要靠这些感觉器官。

工蚁的上颚特别发达，因为这是它们生产劳动的重要工具，也是战斗的武器，大颚上有时还带有锯齿，可以切断树叶、猎物的肢体，还能粉碎坚硬食物。

上颚最为发达的是兵蚁，所以兵蚁是工蚁中专司战斗、保卫和粉碎食物的成员，有时因头、颚巨大，生活都难以自理，要靠其他工蚁帮助其进食。有些兼有工蚁和兵蚁两种职能的，我们习惯上叫它们兵工蚁。

1.1.2 带翅雌蚁（未来蚁后）

春末夏初，风和日丽之后，在蚂蚁洞口周围可以看到大个儿的带翅蚂蚁，这是一种由受精卵发育而成的，有生育能力的雌蚁。

这种带翅雌蚁，形体特点是躯体最大，头小，胸和腹部发达，足短（蚂蚁属昆虫类，长着对称的6条腿）。雌蚁的这些特点是与其将来要担负的任务相适应的：长年生活在洞中，腿长了反而不便；要飞翔、旅行结婚，靠双翅来带动沉重的躯体，当然胸肌要发达；将来终生的任务就是不停地产卵，这就需要不停地进食以补充消耗，所以腹部必须肥大；未来的蚁后，体形、“仪容”比作姑娘时期更庞大、更蠢笨，连自已吃食都做不到，只能是饭来张口，更用不着自己去干活儿，所以头和上颚很小。

有些报纸、杂志上的文章，甚至在某些专著中，将这种带翅雌蚁叫蚁后，其实不然。它们要历尽千灾百难，顽强奋斗，最终真正能建立起一个家族——成为蚁后的只不过是其中的极少数。中国民间流传一则故事，叫黄河的鲤鱼跳龙门，鲤鱼千千万，狂涛骇浪逆流而上，只有游技高超、身体强健、出类拔萃的佼佼者，方可跃过龙门成龙，并非黄河中的鲤鱼都能变成龙。雌蚁亦情同此理。

1.1.3 带翅的雄蚁

带翅雄蚁，由非受精卵孵育而成，这和大家熟悉的蜜蜂中的雄蜂是一样的。

雄蚁头圆、颚小、触须细长、胸肌发达、视觉敏锐，除复眼外，正中还生有单眼，外生殖器官发达，身体大小排在雌蚁之后、工蚁之前。

蚂蚁中论体型，最好的应该说是雄蚁，雄姿英发，但却好吃懒做，游手好闲，是花花公子。

同样，不少人称这种带翅的雄蚁为蚁王，其实非也。成百上千的雄蚁，犹如马拉松赛跑似的，赛前跃跃欲试，雄心勃勃，都希望未来蚁后能将招亲彩球击中自己，以独占花魁，永世流芳。然而在一群追求者中，只有一只，反应敏捷、强健有力的雄蚁才会交这种桃花运，得以与雌蚁交配。一旦这只雌蚁幸运地成为蚁后，她所繁衍的后代便都是这只雄蚁的子代。可惜，即便是这只幸运者，新婚燕尔便要命赴黄泉，一命呜呼。其他雄蚁命运更凄惨，来世一趟，充其量只不过作了一次男傧相。

蚂蚁的家族成员介绍完了，我们的故事就要从此开场。

1.2 新婚旅行

绝大多数的人将结婚视作人生的一件大事、一件喜事，结婚典礼自然要隆重而热闹。

在社会性昆虫中，蜜蜂婚礼是最风光的，而且经常举行。天气晴朗之日，蜂后（俗称“蜂王”）飞向空中，巢中雄蜂倾巢而出，追逐嬉闹，争取蜂后的宠幸。一批雄蜂衰退，便被工蜂们逐出门庭，流浪在外，困死他乡。于是蜂后便又制造出一批新的、年轻力壮的雄蜂，供自己在下次婚礼中挑选。蜂后寿命长达五年，雄蜂只不过数月。蜂后一生要交配很多次，所以在蜜蜂王国里，只有蜂后，而不可能有真正的蜂王。

说来也是巧合，社会性生活的动物，有白蚁、蚂蚁和蜜蜂，还有万物之灵的人类，前三类社会性生活的动物，均系女性社会，甚至在一定季节里，一个雄性都没有，成为纯粹的女儿国。在这些昆虫“王国”的社会里，女王支配着一切，权威无限，其他一切成员的一切活动，都围绕着女王的活动——繁殖后代，而甘心情愿地服务、效劳。

人类社会的原始阶段，也曾经历过母系社会，子女只知其母不知其父。男人的责任类似工蚁和工蜂，觅食、狩猎、杀敌、护卫家园。当然男人的地位，那些雄性昆虫是无法与之相比的，尽管是母系社会，但男人自有其雄性的责任，且寿命长，决不会因年老体衰而被驱逐出门。有些地方的极少数部落，至今仍沿袭母系社会的规则，外祖母、母亲、女儿是真正当家作主的，拥有财产支配权、继承权。男性则实行“走婚制”，只是干活、吃饭。子女知道谁是父亲，也尊重父亲，但在其心目中父亲的家庭地位是很低的。

人类有幸进化到了以男性占主导的社会（当然男女是平等的，请读者不要曲解）。昆虫则因其生理特性决定，看样子是永远不可能变成雄性社会的。因为昆虫中的雄性，只担负一项交配任务，交配完结其使命便完成，继续生存下去似乎已没有什么意义了。

有人可能会提到猴子是猴王制，是否可以作为动物界中雄性社会的例子。这里混淆了一个概念，猴子只能称作群体，并非社会性生活。社会性生活，单独一个成员是很难生活的，如人生下来被狼叼走变成狼孩，虽然极少数也能活，但已失去了人的许多特征，只是外型像人，其行为（爬行、嚎叫、思维、行动、饮食等）更像狼，很难再重返人间。这里指的生活并非只是指活着，而是不失其原有的习惯、生存方式和自由等。猴子可以离群生活、单独行动，除难于寻觅到配偶外，其他一切如常，包括自由采食、休息、活动等。

蚂蚁的婚礼，也要选择好日子，这日子的选定比蜜蜂更为严格，因为终生只有这一次机会。雌蚁一次交配后，带着雄蚁的精子，终生使用，可长达十余年。

蚂蚁交配时，要求天气温暖，气温 25℃，相对湿度 70%～80%。在我国长江以南，基本上一年四季都可进行交配，但 6～9 月是黄金季节，北方则多在 6、7 月间进行交配。

它们多选择风和日丽的日子，在这个日子里，同一地区几乎同种蚂蚁都纷纷送新娘、新郎出门，开始“蜜月”旅行。

1.2.1 避免近亲交配

近亲交配易使种族退化，从这一点来判断，蚂蚁社会似乎要比蜜蜂社会更先进。

在选定的日子里，带翅雌蚁奋力飞向数米至数十米高空，来自各蚁巢的雄蚁便群起追赶，自由恋爱，相互挑选，遵守优胜劣败的淘汰制，让自然选择法则使良种得以繁衍。

不少学者的研究结果说明蚂蚁是避免近亲结婚的，一则同一地区、同一种、同时飞起，提供了广泛结交、选择的机遇，二则可能是同胞兄妹因具有相同气味，抑制了性吸引力。除非只有一巢时，才不得不选择近亲交配这种下策。

最先注意到蚂蚁这种空中交配的人，是 276 年前（1731年）著名昆虫学家莱奥米欧尔。夏天，有一次他坐马车外出旅行，天气闷热，旅途劳累，赶到一条河边时，太阳快要下山了。停车走向河堤，河水清澈，凉风习习，阳光柔和，四周美景尽收眼底，疲劳顿消，心旷神怡，不由沿着河岸散起步来。

散步途中，脚下出现一堆堆砂土，一只只茶褐色蚂蚁在土丘上爬行，莱奥米欧尔并没有特别在意。真正引起他注意的倒是蚂蚁中有些是带翅膀的，个儿比普通蚂蚁要大，不由得驻足观察，每个蚁洞周围都有这种带翅蚁混杂其中，有些大型的个体，约比普通蚂蚁大2～3倍。每个洞口的蚁群好像特别兴奋，出出进进好热闹，既没叼砂粒也没有搬运食物，更不像风雨欲来前蚂蚁搬家、修洞的样子，真有点不可思议。这种念头只不过一闪而过，于是继续往前走。

走着走着，不时有些飞虫撞到脸上，这时才发现空中一团团飞虫，盘旋飞舞，如云似雾。也许是苍蝇，或是蚊子？有些就在眼前，伸手抓了几只，一看，原来是带翅的蚂蚁，就是刚刚在洞口看到的那种。边抓边看，不时还看到配对的蚂蚁，大的在下，小的在上，大小相差一倍左右。其实，只要我们留心一下，昆虫几乎都是如此，如苍蝇、蝗虫、蟋蟀、蜘蛛等，雄小雌大，雄上雌下（蜘蛛多为面对面），有的雄虫大小甚至连雌虫的一半都不到，但雄性外生殖器发达。与雌性连接紧密，成对被捉一时都难以分开。

计算了一下，平均一只飞翔中的雌蚁周围，有5～6只雄蚁。千万只蚁穴选同一时间送出带翅的雌蚁、雄蚁，可以想象，这种场面该是何等壮观。

1.2.2 女儿送出门，再非娘家人

嫁娶之日，蚁洞口熙熙攘攘，不论是否带翅，都在奔忙。

原来，这些不带翅的是工蚁，它们在向洞外送这些带翅的蚂蚁（雌蚁和雄蚁），送新娘新郎上路（图2）。

图 2　结婚飞行前离洞的蚂蚁

工蚁的另一项任务，就是把住洞口，不让离巢之后的雄蚁和雌蚁重新回窝。如果受精后的雌蚁落在洞口，一般会被立即赶走，除非遇到特别需要，如大型的蚂蚁家族，成虫数万至数十万，平时只有几只蚁后，有些蚁后年老体弱，产卵能力下降，或天灾或敌害而损伤蚁后，这时工蚁便在特殊指令下，挑选几只受精后的雌蚁，拖回洞内，让它们充当新的蚁后。

交尾结束，空中雄蚁落地（当然有些就在地面上交尾），数小时后便悄然死去（图 3）。

受精后的雌蚁（仅交配一次，终生有效），落到地面，四处寻找合适的地方安家落户。当然家居样式，依蚁种而异，有些简单的蚁巢，只不过在枯树内、树皮下、石块下找一隐蔽之所，安全之处，草草收拾就产卵做窝了。有些则开始挖洞，初期的洞比较简单，只有一条通道，一间孵育室。以后随着家族的繁衍壮大，逐渐复杂起来。

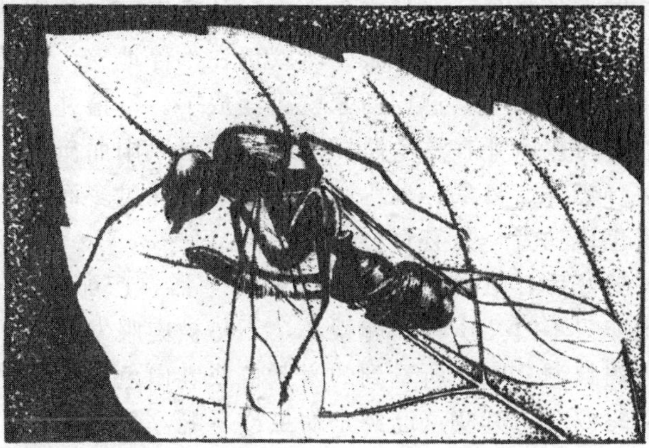

图3 交配结束后很快死掉的雄蚁

雌蚁首先脱掉翅膀，因为今生再也用不着了，带着翅膀挖洞反而碍事，而且翅膀需消耗营养，在今后营养缺乏时期这可是生死攸关的大事。

脱掉翅膀的雌蚁，开始用足、用颚、用前胸来挖洞（图4）。

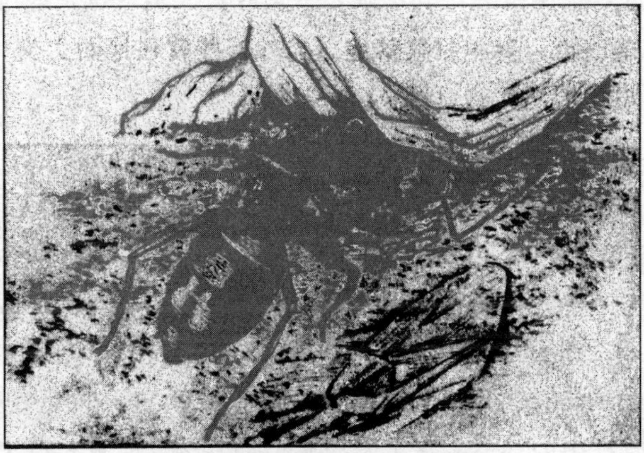

图4 脱掉翅膀奋力挖洞的雌蚁

随着洞的延伸，雌蚁就很少在洞外露面了。从用玻璃做成的人工环境中，可以观察到雌蚁仍在不停地挖，终端扩大成为第一个孵育室，这样新家就算建成了。事情并非一帆风顺，许多雌蚁就死在这一阶段。如，遇暴风雨而淹死，被食蚁天敌（蜘蛛、椿象、鸟等）吃掉，或消耗过多而死……总之，真正成功者，只有百分之几。

洞挖好后，雌蚁开始过地狱般的生活，产卵作母亲了，第一批卵只不过几十枚，卵很小，不易被肉眼发现，平常在挖开的蚂蚁洞穴中，所看到的米黄色或乳白色麦粒状物，人们叫它蚂蚁卵，其实这已经是幼虫或者蛹，并非蚁卵。

从卵孵化出幼虫，幼虫一出生就要吃。拿什么来喂养它们呢？靠腹部贮囊中贮存的甘露，但这远远不够，那就要靠自身的躯体了。首先是为新婚飞行而发达起来的胸部肌肉，肌肉吸收转化为营养液，从嘴里吐出来喂养这些幼虫。人常说“儿女是娘身上的肉”，对于雌蚁来说，岂止是娘身上掉下的肉，儿女长大靠的仍是娘身上的肉。所以工蚁对蚁后言听计从，一生报恩，其孝敬之举远胜过人类，也是理所当然的。

雌蚁为了成家立业的大事，默默地在地底下忍受着。如果碰上季节原因，这种困苦生活一直要持续几个月，雌蚁消瘦得已不成样子了，犹如干尸一般。有时实在难以忍受了，雌蚁就开始吃自己生下的卵或幼虫，这并非是残忍，而是为了长远大计，不得已而为之，即在军事学上常说的：“退一步是为了进两步，今日之撤退是为了明日大踏步地反攻。”

总算有几只瘦弱的工蚁成虫了，它们自动地破洞而出，去为母亲寻找食物。这种孤儿寡母的贫穷生活就要结束了。若此时外出的几只工蚁不幸遇难，仍会功亏一篑，对于这一新的蚂蚁家族来说，又是一次灭顶之灾，一切化为乌有，因为雌蚁此时再无力产卵，即使能产卵，也无力哺育幼虫了，只能是活活地饿死在洞内。

几只小工蚁叼来了食物，雌蚁渐渐恢复了体力，以后便专司产卵，最多时每日可产近千枚卵，卵很快孵化出幼虫，幼虫自有工蚁们精心照管，一切运行全靠工蚁们分工合作。

随后，雌蚁身体越来越大，产卵越来越多，工蚁们随时会精心地护理、喂养，又不断地将卵搬走，为蚁后建造更大更舒适的产房。这时才可以说，雌蚁真正成了蚁后——蚂蚁王国的主宰者。

2 蚂蚁王国，分工严格

蚂蚁，是陆生动物中种类最多、数量最为庞大的动物。凡有动物出没之处，几乎不可能找不到蚂蚁。除南极、北极和积雪终年不化的高山外，它们几乎无处不在。

2.1 久远的历史，众多的种类

人类在地球上已经存在了大约200万年，那么蚂蚁在地球上存在多少年了呢？科学家们，包括昆虫学家、蚁类学家、考古学家、地质学家等，经过了几百年的辛勤调查研究，才得到了一些初步答案。

距今约一亿年，在北美大陆的原始森林中，生长着许多针叶树，由树上渗出许多粘液状的树脂。树脂有粘性，小虫子碰上就会被粘住。有时，这种树脂会滴落下来，碰巧会把正在爬行的小虫子给粘住包了进去，使其完全不能动弹。终于有一天，大难临头，天崩地裂，地壳发生了巨大的变动，将这一切吞没在万劫不复的地底下，深深地埋起来。多少万年过去了，有的东西变成了化石，琥珀就是当年的树脂，有的琥珀当中就有小虫。

迄今为止，最古老的蚂蚁化石（琥珀中）是1966年在美国的新泽西州出土的，推算距今约一亿年，科学家们称之为始蚁。

始蚁与今天所见到的蚂蚁，从形态上看已经很相象了，这在动物世界不能不说是一大奇迹。试想，经历了漫长岁月，沧海桑田，多少动物、植物都已变得面目皆非，那些称霸一时的恐龙全部灭绝，其他的物种为适应外界环境的改变，都在缓慢，但却是不停地进化着，不能适应者被无情地淘汰。正是基于这种事实，伟大的生物学家达尔文才提出了关于物种起源及进化的科学理论。

始蚁的发现，似乎是在向达尔文学说提出了公开的挑战：近亿年了，蚂蚁却没有多大进化。原因何在？到底更原始的蚂蚁是个什么样子？最早的祖先又是谁呢？

威尔逊的想象

威尔逊根据始蚁的形态，为其远祖画了张像，在没有发现更古老的化石之前，我们也只能把它们想象成这种样子了（图 5）。

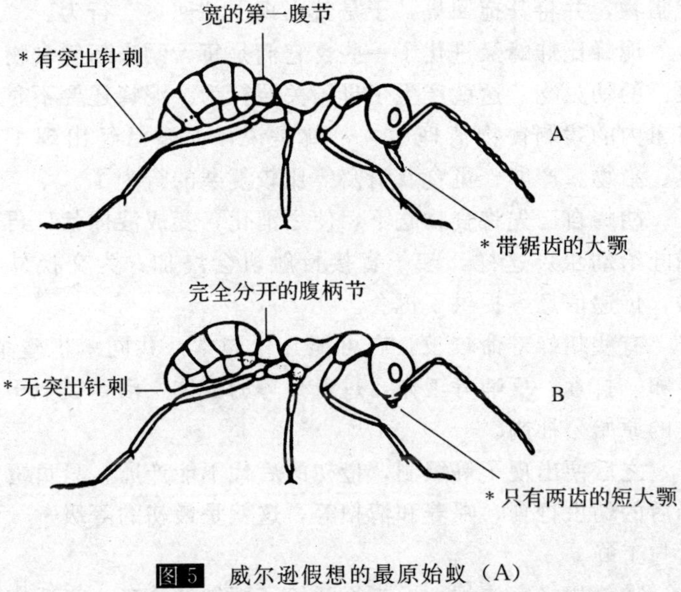

图 5 威尔逊假想的最原始蚁（A）及 1966 年出土的琥珀中的始蚁（B）

*有明显区别之处，其他处均相似。

多数学者认为，蚁类更早的祖先可能是一种土蜂，属胡蜂科。顺着这条线索追寻，胡蜂科之前可能是泥蜂科，再往前可能是蛛蜂科。于是有位叫伊文思的讲了这样一则故事：

很久很久以前，蛛蜂在产卵前，先寻找一个猎物（如一条虫子），用尾刺螫它，使之麻痹，然后将卵产在这条虫子身上，事毕蛛蜂离去，再不回来，虫子醒了，带着刚孵出的蛛蜂幼虫爬来爬去，幼虫就寄生在它身上。

有更“聪明”一点的蛛蜂，将麻痹的猎物拖入一个狭缝中，然后产卵，这样保护了猎物，更重要的是同时保护了自己的后代。

再进一步，不用天然狭缝，而是自己建一个巢。起初是先抓猎物后建巢，事毕之后不再回头；后来变为先建巢，后找猎物，并将其拖回巢，于是就出现了“回巢”行为。

泥蜂比蛛蜂又进化了一些，它们是每天叼来新鲜食物给自己的幼虫吃，这就产生了母子关照行为。泥蜂还要不时地将巢内的残剩食物清理出去，就是说，泥蜂已经出现了筑巢、猎物、产卵、觅食及清窝等比较复杂的行为了。

胡蜂自己先将食物吃下，使之消化，变成液体状，再反哺吐给幼虫。这样，亲子直接接触机会增加，为交换外激素、传递信息等提供了机会。

有些胡蜂寿命较长，有可能几代同堂，共同承担建巢、产卵、打食、反哺等工作，过着平等的群体生活，类似于人类的原始公社制。

之后便出现了等级制，最初的后代不能产卵，只负责为蜂后的幼虫打食、喂养和清扫等，这就是最初的等级——蜂后与工蜂。

随着胡蜂家族扩大，工蜂开始了更细的分工，为适应各自工作又衍生出各种中间型，这就进化到了原始蚁的时代。之后是始蚁时代。

距今约6000万年前，已经发展到拥有200个品种，过社会性生活的蚂蚁时代了。

那么，现在的蚂蚁有多少种呢？1968年有位叫博那德的人，将以前所有搜集到的资料进行了整理，统计出约7600种。当然，未能搜集进来的还有不少，如果加上每年新种的发现，综合判断，全球可能有12个蚂蚁亚科，约270属，共计约12,000～14,000种。蚂蚁社会真是庞大。

2.2 完善的制度，严格的分工

6000万年前的蚂蚁祖宗与今天的蚂蚁相比，形态、生活习性、行为活动并无明显的差别。蚂蚁的这种社会性生活和严格的分工，使这种身躯如此细小的动物，依靠集体的力量，克服了自然界、生物界带来的无数灾难和危害，顽强地生存、繁衍，以至今天成为鼎盛的蚂蚁王国，这其中的奥妙，所包含的哲理，值得我们探索、深思。

其实这种道理，在我们自己身上就能体现。单细胞生物寿命是极短的，由我们身体内分离出的单个细胞，外界生存环境无论多稳定，其寿命也不会太长久。但无数的细胞（数以万亿计），聚集成各种组织、器官、系统，相依为命、分工协作，共同完成各种生命活动，反过来也使每一个细胞都能受益，使每个细胞的生命得到延长。

让我们举例说明，假如身体缺水了，每个细胞都会脱水，这种状态影响到大脑内管渴的神经细胞，就会有渴感。在神经系统指挥下，运动系统会帮助完成找水、喝水等行为，胃肠道将水吸收，入血后循环系统将水带到全身，供应给每个细胞，使每个细胞解脱缺水状态。

人类的社会生活也是如此。统一意志、统一指挥、分工协作，有机地将一个国家、一个地区统一起来，为每一个人、每个家庭、每一团体、每一民族创造了生存、发展、兴旺发达的环境和条件。从这层意义上讲，人类社会、蚂蚁社会有着许多令人意想不到的相似之处。

图 6　蚁后与工蚁（母女关系）

在蚂蚁社会中，蚂蚁家族的核心是蚁后，蚁后身躯“庞大”，约为工蚁的几倍到十几倍（图 6）。蚁后每天要产几百枚卵，已经不可能再像当初创立家园时那样，亲自照顾这些卵了。蚁后行动不便，在狭窄的洞中，尽管工蚁们为其建造了较大的产卵室，但对于蚂蚁王国这位庞然大物来说，真不能说是宽敞的。为了弥补每日产卵的消耗，它需要不停地进食，而且是高营养的液体食物，这就要求侍候蚁后的工蚁，不停地送来食物，反哺给她。

可以推想，工蚁若是罢工，蚁后得不到反哺，她只能饿死，随之这个家族也就消亡了。是什么动力，使工蚁们如此心甘情愿地为蚁后效劳呢？

有人说，是遗传，是长期衍化，将这种反哺喂养蚁后的行为在蚂蚁身上固定了下来，成为一种本能与欲望。这就像鸟生蛋，孵化出幼鸟，亲鸟不辞辛苦天天打食喂养，直到小鸟能自食其力为止。总之，这种本能是为了繁衍后代，只要为了这个大目标，即使粉身碎骨也心甘情愿。

另一种说法，蚁后可以释放一种外激素。我们也称其为非洛蒙（pheromone)，这种非洛蒙活性很强，即使微量也可遍布整个巢穴。蚁后就是通过各种各样的非洛蒙，来表达自己的意志，支配着工蚁们的活动，包括饥饿时让工蚁前来喂食。

第三种说法，工蚁在反哺时，会从蚁后那里获得一种物质，这是一种享受，为追求这种享受，工蚁们便主动前去喂食。

不能不说，有些观点可能是以人类之心度蚂蚁之腹。

工蚁，无疑是支撑这个大家族的骨干成员，承担着除繁殖以外的全部内务和外勤工作。工蚁又分为大、中、小、兵数种，为何要这么分呢？

蚂蚁种类不同，进化程度不同，最低等的蚁种，平时只有两类成员，蚁后和一种工蚁，独门小户，艰难维持着生活，到了一定季节，孵育出带翅雌蚁和雄蚁，送出门去让它们自立门户。

进化越高级，分工越细致。目前认为，大工蚁主要从事外勤，它们身强力壮，可以杀死及拉回大的猎物或建巢用材料（如松针、树叶等)；中工蚁则内外兼顾，帮助将猎物运进洞中，将砂粒或废物叼出洞外；小工蚁则以内勤为主，它们身体细小灵巧、行动方便，久居洞中视力极差，甚至全盲，不利于洞外活动，但感觉敏锐，熟悉四通八达的地下道，由它们照看蚁后、卵、幼虫和蛹等，是再合适不过了；有外敌入侵，或遇猎物难以捕获之时，兵蚁则大显威风，会使人想起古战场中那些猛将，黑旋风李逵的一双板斧，花和尚鲁智深的那条大铁禅杖，燕人张翼德的丈八蛇矛……

蚁类属变态性昆虫，生出的卵需及时搬运到孵卵室，依季节不同需搬进不同层次的孵育室，而且卵、幼虫、蛹要求条件各不相同，为满足这些需要，所以蚂蚁在洞中要不停地搬来搬去。

蚂蚁极好清洁，可以说是洁癖，停下来便自我扫除或相互清理身上的尘污，每天要舔这些蚁卵或幼虫。也有可能这是为了保持湿润，防止干燥，或许还有消毒作用，因为蚂蚁的分泌液有消毒、防腐、杀菌之功效。否则难以解释，为什么其他昆虫尸体被蚂蚁叼入洞中后可以长期不霉变、不腐烂。

偶尔小工蚁也会随着大工蚁去执行外勤，如某种切叶大工蚁[1]，在切叶及运叶过程中，常有一小工蚁相陪伴，它既不帮助大工蚁切下叶片，也不帮忙运输，而是用其足和上颚来赶走寄生性蚤蝇，以保护大工蚁免受其害（图 7）。

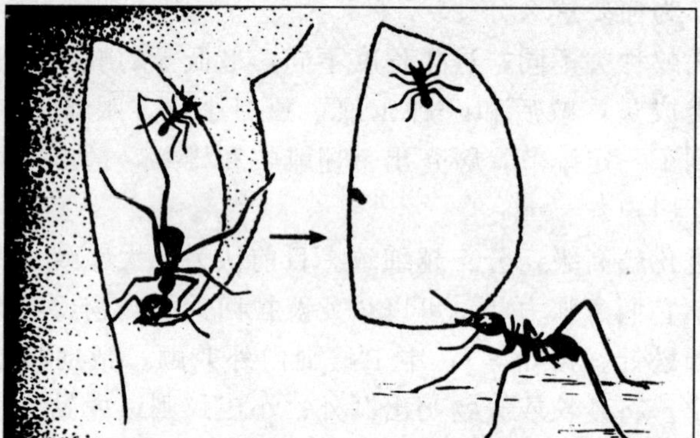

图 7　小工蚁保护大工蚁免受蚤蝇侵犯

〔1〕 Atta cephalotes

有些蚁种的工蚁，额腺及上颚特别发达。大颚的形状真是多种多样，如钩如钳、似刀似剪、像锯像斧，鬼斧神功，令人叹为观止，自然这是指兵蚁，专司战斗和保卫。兵蚁们另一项日常工作是利用其强劲的大颚来咬碎谷粒等硬东西。有些兵蚁由于额腺及大颚过大，自己不能照顾自己，这就要靠其他工蚁来帮忙照顾，每天为其喂食，为其清洁身体。

试想如果没有这些兵蚁或工兵蚁，遇到稍大猎物（像蝗虫、蟑螂等），怎能很快杀死、肢解；如何能打退入侵之敌，少数兵蚁把守洞口，就能起一夫当关，万夫莫开之效；有些贮存的食物较坚硬，如谷粒、麦粒和带壳的果实等，没有强大的咬合力是很难粉碎的，这项工作也得由兵蚁来承担。

蚁巢之中，平时都是雌性公民，没有雄蚁，仅在每年的一定季节，才孵育出带翅的雌蚁和雄蚁，但这些具有生殖能力的蚂蚁仅是为了开创新的家园，对原来的家族一般不起什么作用。从某种意义上讲，蚁后已经是“雌雄同体”了，因为一次交配后，其贮精囊便可以长期释放出精子来。

2.3　蚂蚁社会的阶级分化

蚂蚁王国的神秘性，主要还体现在蚂蚁社会的阶级分化方面。人们自然会问：“是什么力量，何种因素，决定了蚁卵未来的命运?”

许多专家、学者致力于这一课题的研究，其中工作最为突出的是布瑞安的研究室，他们以切叶蚁为对象，在 1980 年提出了下列 6 个因素在蚂蚁阶级分化时值得考虑。

（1）营养条件：也就是食物的质和量，可以影响受精卵孵化出的幼虫，是变成有生殖能力的带翅雌虫，还是无生殖能力的工蚁；是生成大工蚁还是中、小工蚁。

（2）冬天低温环境：蚁后卵巢中的卵，经历过冬天的低温，今后发育成有翅雌蚁的倾向极大，因为后期的发育正好赶上春末夏初。

(3) 越冬后的高温环境：越冬后孵化出的幼虫，如果在高温环境饲养，那么成为带翅雌蚁的可能性最大。

(4) 蚁后的影响：蚁后通过释放非洛蒙，抑制受精卵发育成新蚁后（带翅雌蚁），所以通常这些受精卵只能变成工蚁或兵蚁。类似的原因，强壮的兵蚁，有抑制新兵蚁产生的倾向。

(5) 卵的大小：卵大则卵黄多，营养成分多，成为带翅雌蚁或大工蚁、兵蚁的倾向大。

(6) 蚁后的年龄：新蚁后多产出小工蚁。

以上只是影响阶级分化的因素，但到底如何调节；一个家族中大、中、小工蚁及兵蚁的比例需多大；何时孵育有生殖能力的雌蚁和雄蚁，雌、雄之比多大才合适，对这些问题目前尚无明确答案。

让我们用图将这些因素概括一下，这样会一目了然（见图 8）。

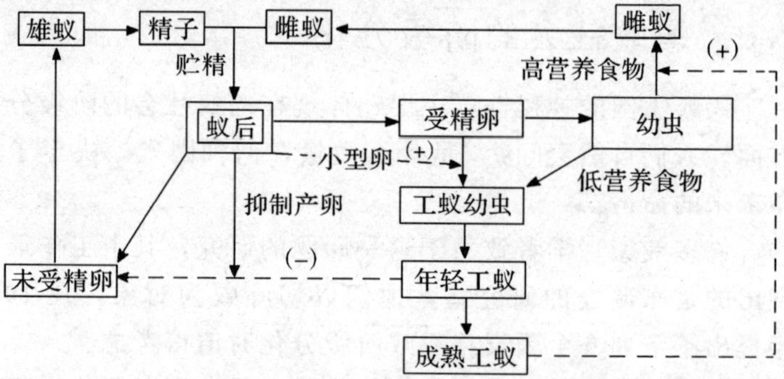

图 8 决定蚂蚁阶级分化的因素

（＋）代表促进　　（一）代表抑制

2.4 蚂蚁小型家族兴衰史

一个小型的蚂蚁家族，从其诞生、发展、壮大，到最后消亡，这部家族史可分下述几个阶段，历时数年至十几年(当然因天灾横祸，短命家族例外)。

(1) 一年之中特定的季节，母巢中会孵育出带翅的雌蚁和雄蚁。

(2) 雌蚁与雄蚁飞行结婚、交配。

(3) 交配后雄蚁很快死亡，雌蚁落地，脱翅，靠自己的力量建巢。

(4) 在简陋的蚁巢中，雌蚁利用贮精囊中的精子使卵子受精，生出第一代受精卵。分解胸部肌肉，化作液体营养物，喂养孵化出的幼虫，这些幼虫要蜕 5 次皮，化蛹，羽化出第一代工蚁（全部为小工蚁）。

(5) 工蚁外出觅食，雌蚁成为专司产卵的蚁后。

(6) 工蚁越来越多，分化出大、中、小型及兵蚁（有些蚁种无兵蚁）。工蚁负担除产卵外的采集、挖洞、育儿、侍候蚁后、清洁、将死掉的工蚁拖出洞外等工作。在每年特定的时期，由蚁后及成熟的工蚁共同决定并孵育带翅的雌蚁及雄蚁。

(7) 随着蚁后的衰老，产卵能力降低，家族逐渐缩小，最终蚁后死去，家族消亡。

全部过程，呈一种周期性波动型。在这个过程中，巢内年平均蚁数是恒定的。让我们举一个具有 4 年历史的家族，看一下这种过程（图 9）。

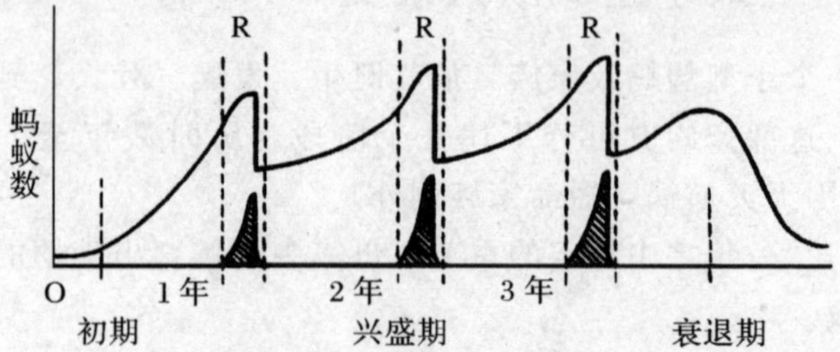

图 9　蚂蚁家族史及蚁数变动

R 繁殖期，不断有带翅蚂蚁飞离巢穴

3 能工巧匠，营巢造房

营造住房是人类社会生活中的一件大事，既讲究实用性，又追求艺术美。就我国而论，北方大地上的土坯房、砖瓦房，江南的草屋，陕西的窑洞，傣族的竹楼，大城市的高楼大厦，古都的皇宫，僧道尼的寺观庵……无不体现了人类的聪明智慧。

社会性生活的昆虫同样注重巢房的营造。若论巢房之精美华丽，应以蜜蜂为冠，琥珀色呈几何形状的蜂房，玲珑剔透，巧夺天工，即使是人类杰出的建筑大师也会由衷地发出赞叹。若论巢房之壮观，当属白蚁的巢，特别是在热带地区，很远便能看到所谓的“蚁冢”，可高达 6～10 米，犹如一座小山，突兀而起，内部洞道交错，似海绵一般。

蚂蚁之巢虽不如蜂巢那样精巧，不如白蚁巢那样醒目，但其多样性及工程之浩大，却远胜于蜜蜂和白蚁。倘若能成等比例加以放大，蚂蚁放大成人一样大小，那么有些蚁洞你可能一辈子也走不完，与蚂蚁的“城市”规模相比，人类的大城市，如伦敦、上海、东京，那只不过是一个个小村庄而已。

由于蚂蚁种类很多，分布极广，生活环境极为复杂（温带、热带、寒带、高山、原野、沙漠、森林、城市、乡村等），这就决定了它们的巢也是多种多样的。有的在地下，大者可以绵亘 1～2 公里，像一座庞大的地下迷宫；有的在地上，堆积如小丘，这可与白蚁的小型蚁冢相媲美；此外，用绢丝、纸或树叶在树上做的窝，更是非常巧妙，可入动物界的能工巧匠之列。

3.1 地面及地下蚁巢

十之八九的蚂蚁是在地下挖洞，特别是在温带和寒带地区，季节变化大，冬天很冷，夏天很热，而地下为巢则可保持冬暖夏凉。

最简单的巢是一些低等蚂蚁做的巢，在乱石之下，石缝或墙缝之中、或倒掉的枯树下等，草草收拾一下便成一简陋的巢，在此生儿育女，怡然自得。采集这种蚂蚁很省事，只要将石块搬开、树身翻过来，便一目了然。

平原地区无物可依，只能挖洞，一个家族开始创业时，洞是由受精雌蚁单独筑成，一个出口，一条通道，一间房室，距离地面不过30～40厘米，翌年，孵育出的工蚁继续挖洞，以适应家族不断扩大的需要，洞可发展到二出口、二通道、数房室，室间有走廊相连。多年后家族兴旺，洞的规模更大，可深达1～2米（图10）。

大型蚂蚁家族，其洞穴已是相当复杂，多处洞口以供庞大的家族成员进出，洞口多呈火山口状（图11）。洞内设多处宽大房室，有走廊互相联通。房室的用途已有严格的分工，有的专供蚁后产卵、休息，有的用作蚁卵孵化，有的作为幼虫哺育室，有些是放置化蛹后的茧，有的作为仓库用来贮备食物。

每室都有工蚁在忙碌，或给蚁后喂食；或将产下的卵运到孵化室；或在翻动蚁卵而且通常是边翻动边舔，以便为卵消毒、清洁、湿润，还可能通过渗透作用为其增加营养；哺育幼虫的工蚁是最累的，从肉眼都难以看到的卵孵化出幼虫，一直要喂养到小麦粒大小，而且数目相当大，所以工蚁一刻也不得清闲，此外还要替这些幼虫运走排泄出的废物；夏天、冬天，随着温度变化，工蚁们还要搬运这些卵、幼虫和蛹，使之随时处于最适条件。

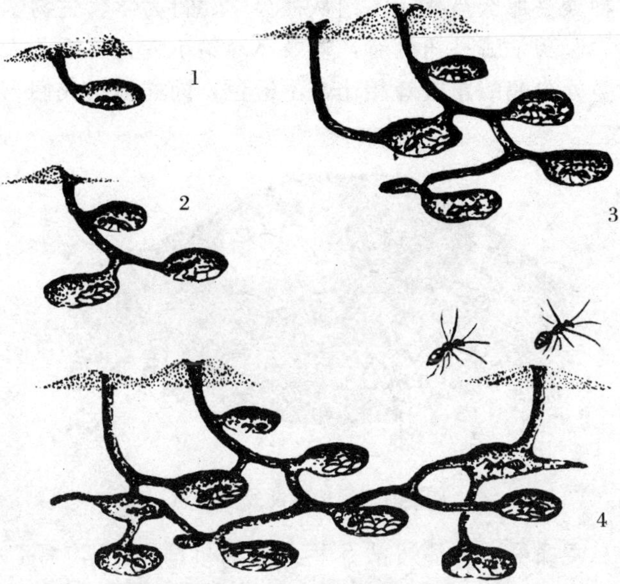

图 10 蚂蚁家族的地下洞穴

1. 受精雌蚁独自创立的巢，仅 1 房室
2. 工蚁出现后继续挖洞，一年后 3 房室
3. 两年后成为 2 洞口，5 房室
4. 五年后成为 3 洞口，10 房室

有些工蚁在地下还要兼种蘑菇、饲养“牲畜”、喂养兵蚁、晾晒食物，不停地扩大洞穴以满足日益扩大的家族之需。

小小蚂蚁，所求甚少，奉献颇多，无私无欲，任劳任怨，心甘情愿地做上述工作，这是一种什么精神？作家、诗人们常常以蜜蜂为例，作为勤劳、无私、奉公、牺牲之楷模，不乏溢美之词。诚然，蜜蜂值得人类赞颂，人类向蜜蜂索取了蜂蜜、蜂蜡、蜂王浆等。然而公正的人们千万也别忘了生活在我们身旁、脚下的小小蚂蚁——生命力是那么强大，种族是那么昌盛。不论从社会学、行为学、生物学、营养学、医药学哪种角度看，蚂蚁已经给予或将要给予人类极大的益处。蚂蚁与蜜蜂相比毫不逊色，同样值得我们为它唱赞歌。

图 11　黑长蚁的蚁洞入口

从寿命看，蜂后可活 5 年，蚁后可活 15～20 年，工蜂活 3～4 个月，工蚁可活数年；从分布看，除极地和高山积雪地区外，蚂蚁遍布天下，蜜蜂则远远不及；从食性分析，蜜蜂离不开花粉和花蜜，而蚁类和人一样，属杂食性。说这么多，只有一个目的，应给予足够注意，加强研究，充分利用，让蚂蚁更好地为人类服务。

蚁冢，也称蚁丘，多建在树林和草地，用松针、树叶、枯草及泥土积砌而成，高可达一米，底部直径 4 米，许多蚁丘，集中一地，绵延 1～2 公里，俨然一座蚂蚁都城。据国外报道，有一种带角红山蚁[1]的庞大都市，占地 20 万平方米，有 1600 个家族。

太行山脉的百草畔，有一处闻名的“蚂蚁岭”，上面布满蚁丘，高约 30 厘米，长宽达 3 米，以草和土为原料做成。这种蚁丘内部的温度，比周围要高出 10～15℃，内部亦分

〔1〕 Formica Exsectoides

割成不同用途的房室。

3.2 树上的蚁巢

鸟在树上做窝，这连小孩子都知道，但蚂蚁在树上做窝，对于生活在南方，如广东、广西、云南、海南人，也许不是什么新鲜事，但北方人，则很少知道蚂蚁在树上做窝，这里并非指一般利用枯树洞所做的窝。

3.2.1 蚂蚁树

热带有一种蚂蚁植物[1]，这在东南亚的森林里常可看到。在树干上常常长出膨大的瘤子，内部有纵横交错的坑道，蚂蚁以此为巢（图 12）。

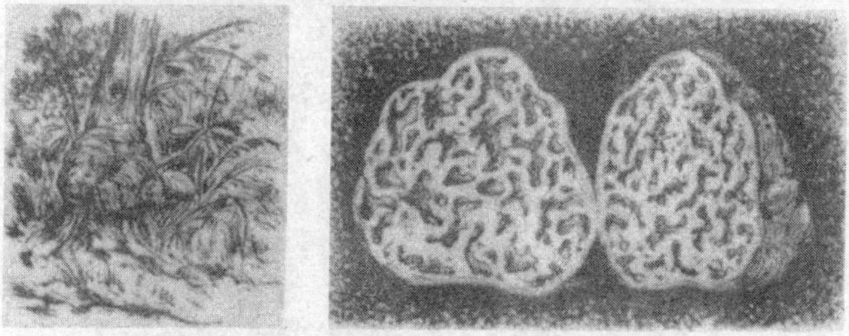

A　　　　　　　　　　B

图 12　蚂蚁树

A 树干上长出的瘤状突起

B 剖开的树瘤，内部空穴则是供蚂蚁做窝处

蚂蚁与蚁树之间呈一种互利关系，蚁树长瘤，瘤中有穴，可以招来蚂蚁做窝，这种窝坚固耐用，高出地面，不怕风雨，易防敌害，这正是蚂蚁求之不得的栖息之所。蚂蚁家族庞大，其排泄物给蚁树提供了很好的肥料。此外，因蚂蚁

[1] Myrmecodia tuberosa

的寄居，使一些害虫不敢侵害，因为这些害虫正好是蚂蚁们的美味佳肴，有了这种义务兵的守卫，保障了蚁树的茁壮成长。

3.2.2 纸巢

许多蚁巢是建在树杈上的，筑巢材料多用废纸、草根、树皮、树叶，嚼碎后与唾液混合，就像造纸所用的纸浆，粘着在一起使之呈球状。这种纸巢，远远望去如马蜂窝，又似空中摇篮，随树而摇，迎风而动，非常轻巧，但却十分牢固，除非树枝折断，否则很难毁坏。

图 13 是产于泰国的一种蚂蚁[1]所建的纸巢。

图 13 蚂蚁的纸巢

〔1〕 Crematogas sp

3.2.3 叶巢和绢丝巢

若在蚂蚁界推举建巢的鲁班或状元，那么你应该投纺织蚁[1]或多刺蚁[2]的票。

在东南亚和非洲，广泛分布着一种纺织蚁，其智慧之高，配合之妙，堪称一绝。其巢并不大，一个家族一个巢，材料是用活的阔叶树树叶，巢做成后树叶仍是活的，当然这种巢的寿命一般不会太长。

做巢之前先要选点，选择生长旺盛、树叶密集之处。选好之后，蚂蚁便集中到一起，协力奋斗，将两片树叶的边缘对到一起。巨大的树叶，其弹力是很大的，对于身躯细小的工蚁来说，这是非常艰难的工作，叶间距离大，单独一只蚂蚁高度够不着，常常要叠罗汉式的一个举一个才能够着，很多罗汉叠成梯链状，硬是将两片树叶的边缘对齐。

用什么来加以固定呢？用绢丝（实际是蚁丝），在叶缘对齐后，有些工蚁叼来蚂蚁的幼虫，幼虫吐出丝来，利用这种丝样的东西将叶片边缘粘连在一起，如此一片又一片，按预先设计的样式将巢做好。图 14 是纺织蚁建巢的情景，图 15 是建好的叶巢。

绢丝巢（实际是蚁丝巢）与纺织蚁的叶巢区别在于，这种巢较小，完全用蚂蚁吐出的丝做成，就像蚕茧一样，但蚕茧只是为一条蚕化蛹，而这种绢丝巢则是为了一个集体。

黑刺蚁的巢很多就是这种绢丝巢，这在我国台湾、日本冲绳最为多见。

---

〔1〕 Oecophylla

〔2〕 Polyrhachis

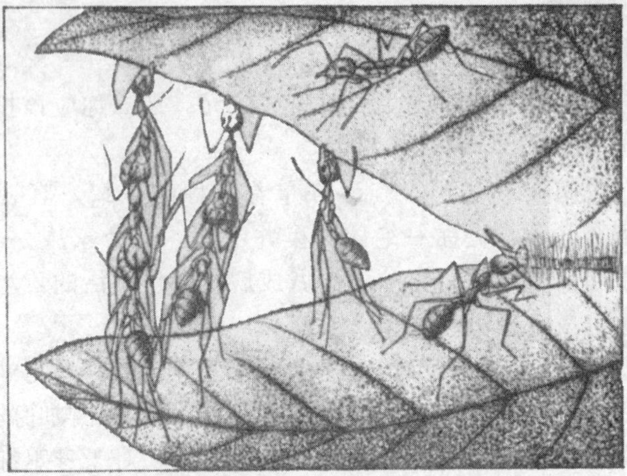

图 14　纺织蚁用树叶及蚁丝做巢

右下角的蚂蚁叼着一只幼虫，使其吐丝粘合叶缘

图 15　纺织蚁做成的叶巢

做巢是用孵化后 28 天左右的幼蚁，这个阶段的幼蚁恰好处于吐丝作茧之前，每只工蚁叼一条幼虫，站在不同方位，依所选用的位置及所设计的巢形，吐出丝作成巢。图 16 就是黑多刺蚁所做的绢丝巢，其中的只数反映了巢的大小。

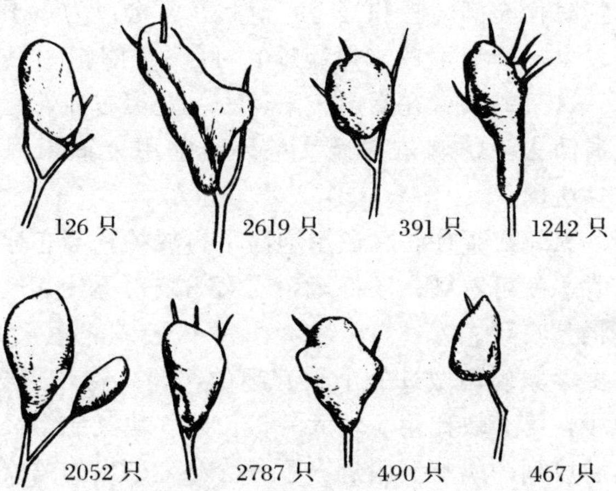

图 16　黑多刺蚁的绢丝巢

共 9 个巢，只数是代表每巢中的蚁数

3.2.4　泥巢

在南美洲亚马孙河流域，蚂蚁将泥土叼上树，像燕子垒窝一样筑巢，为防雨水冲刷还将一些植物种子种在巢中，这些植物生根后，根须加固了巢，将巢凝结成一体，在暴雨时不致崩坍。巢上长出花草和树叶，既防日晒，又能招来昆虫，为其原地捕食猎物创造了条件。

4 特异功能，信息沟通

儿童时代充满幻想和好奇，蚂蚁常常会成为孩子们的实验对象。拿一个卫生球（樟脑球），画一个圈把一只蚂蚁圈在里面。这只蚂蚁就在圈内转来转去、左突右撞，碰到画线处就又退回去，仿佛是齐天大圣孙悟空用金箍棒困住的妖精，难逃法网。

把一只蚂蚁捉住，在酒里泡一下再放掉，等它挣扎到自家洞口时，就可看到一场好戏，同窝蚂蚁拒不让其进洞，有时甚至将其咬死。

昆虫学家们还做过一个很有趣的实验，逮住一只蚂蚱，切成 3 块，第 2 块比第 1 块大一倍，第 3 块又比第 2 块大一倍，然后放到一蚂蚁洞附近。不一会儿，外出的蚂蚁就会发现这些蚂蚱尸体，围着转一转，咬住拖一拖，拖不动，于是就返回洞去。不一会儿，就邀集来许多同伴前来搬运，数一数，发现各块蚂蚱周围的蚂蚁数，分别为 28 只、44 只和 89 只，差不多也是各大一倍。

从一个蚂蚁洞中取出蚂蚁蛹，放到离洞口同样距离的两个小容器中，第一个容器内放 50 枚，第 2 个容器内放 10 枚。捉两只蚂蚁分别放入这两个容器内，两只蚂蚁立刻分别叼上一枚蛹匆匆回窝，不一会儿便会见到更多的蚂蚁来到这两个容器，帮助往回搬运，而且蛹多的容器里蚂蚁数多，约是另一蛹少处的 5～6 倍，显然蚂蚁知道，何处任务大。

重复以上实验，在开始放入的一只蚂蚁身上，染上点颜色做个记号，等它叼蛹回洞，带领其他蚂蚁返回的途中，把它捉走。此时将会发生什么样的情景呢？

结果，那些蚂蚁在原地转来转去，几分钟后就打道回府，返回窝中。显然，它们只知道有任务需它们去执行，但并不知道确切地点。这一点，蚂蚁明显不及蜜蜂。如果蚂蚁也有蜜蜂那样的本领，发现花源后可以通过舞蹈语言和身上沾的花粉，告诉伙伴们，花源的方向、远近及何种花。待其他蜜蜂完全明白了，即使没有这只送信蜜蜂带路，它们也可飞向目标。假如能这样，剩下的蚂蚁就会在失去向导的情况下，继续奔向盛蛹的容器完成任务。

其实细想，这也不奇怪。工蜂有一对明亮的复眼，可以飞到天空，高瞻远瞩，一目了然，所以只要告诉其方向和距离，很容易就能找到目标。蚂蚁虽然也有复眼，但仅仅是带翅的雌、雄蚁才能有较强的视力。工蚁长年生活在地下，视力已经退化，有些甚至近于全盲，视力好一点的也只不过看3～4厘米。加之蚂蚁身躯细小，普通一块砖头、土块对于它们来说就不亚于是一座小山，丛丛野草蚂蚁视之犹如森林。

那么，蚂蚁们是如何来传递信息的呢？

4.1 舞蹈与视觉

工蚁视力差，这是肯定的。曾看到某报刊的文摘，为了一鸣惊人或哗众取宠，将蚂蚁说得神乎其神，明明是视力很差的昆虫，偏要说成像蜜蜂或迁移中的候鸟那样，凭星空或密林周围的图像，能轻易找到归路。

话说回来，即使长期在暗无天日的洞中生活，仍会保留一定视力，毕竟它们是从胡蜂衍变而来，视觉在辨认方向时也会起一定辅助作用。如外出狩猎归来的工蚁，途中遇到同窝工蚁，偶尔也会在同伴面前扭来扭去，画出不规则的圆，以此作为邀请其共同搬运猎物的信号。

维尔逊（1962 年）曾报道过，南美有一种鳞蚁[1]，当一只工蚁在追捕猎物时，其他工蚁们看到了，会自动包抄上来，但这种距离往往极近。

可见，视觉在传达信息，辨认方向时，虽起一定作用，但不会很大。

4.2 连接行进

工蚁发现猎物，回窝报信，不久便根据猎物大小，带领一队工蚁奔向目标。行进中的蚂蚁队伍，就像列车一样，依次连接。走在前面的是向导，只见它时而斜腹上翘，放出“招呼非洛蒙”（一种毒腺分泌物，释放到空中，招呼同伴），后面跟随着的工蚁们不时地要用触角，触其前面行进者的腹部、后腿。就这样，靠气味、触觉，加之残余的视觉，这队工蚁很快便能赶到目的地。

中间若距离拉大，后边工蚁就可能会掉队，这时向导会自动停下来等待，再次释放招呼非洛蒙。

有些科学家认为，这种招呼非洛蒙，与带翅雌蚁生殖期放出的“性引诱非洛蒙”是同一种物质，只不过因为工蚁已无性的要求，变成了招呼同伴的一种物质。

4.3 非洛蒙的神奇功效

非洛蒙（Pheromone），又称外激素，是由某一个体分泌释放到体外后，作用于同种间其他个体的一种化学物质。

非洛蒙活性很强，只需微量即可发挥明显作用，这些作用对于昆虫来说是非常重要的。借助各种各样的非洛蒙，它们就能够完成各种各样的复杂行为。

蚁后可分泌蚁后物质，用来抑制受精卵发育成有生殖能

〔1〕 Daceton armigerum

力的雌蚁，使之变成工蚁，供其驱使；蚂蚁的足迹物质，使其所到之处留下这种非洛蒙，让其他工蚁可追踪而来，也为自己返巢时留下标记；识别物质，可识别同伴，识别自己巢穴气味，识别自己的势力范围；警报物质，这种非洛蒙可以通知所有成员，紧急行动以抵抗入侵之敌，或抢救洞穴及其中的卵、幼虫和蛹；保幼物质，由卵和幼虫等发出，与工蚁进行信息交流，让其为自己调整环境。

4.3.1 蚁后的非洛蒙

蚁后乃蚂蚁家族之主，主要任务是产卵，吃饱之后就像架产卵机器一样，整天拖着个大肚子不停地产卵，其行动极为不便，连生活都难于自理，需要工蚁前来喂食、清洁、照料或将产下的卵运走。蚁后还要指挥整个家族，决定家族成员比例，决定何时可以产出具有生殖能力的雌、雄蚁等。

那么，蚁后靠什么来实现自己的意图呢？靠释放非洛蒙。有一种非洛蒙是工蚁们特别喜欢舔食的物质，为了获得这种物质，工蚁们便积极地前来喂食，前来照料，加上工蚁们长期以来形成的甘愿服侍蚁后的本能，蚁后要满足生活上的需要并不困难。

要保持家族的兴旺，就必须不断增加洞内工蚁的数量，这主要靠蚁后释放出的蚁后物质，这种物质由前来舔食的工蚁们带到整个洞内，传给卵、幼虫、蛹及全体工蚁。这是因为蚂蚁有自我清洁、互相舔食或舔那些卵、幼虫和蛹的习惯（图 17），这样自然就会将这种蚁后物质散布到洞中的每一成员身上。这种物质主要是用来抑制卵巢的发育，使受精卵最终成为工蚁（雌性，但无生殖能力，也不会长翅膀）。

工蚁的大、中、小和兵蚁之分，则是靠蚁后与其他成员的共同配合。如兵蚁可释放兵蚁物质，当兵蚁成员足够时，这些兵蚁物质浓度增加、作用很强，从而调节蚁后产卵大小、幼蚁喂食成分、器官发育等。其他蚁种的调节，亦有类似过程。

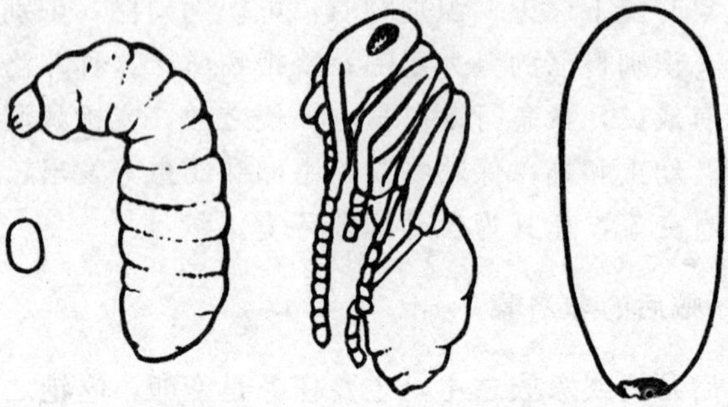

图17 蚂蚁的卵、幼虫、蛹及茧

4.3.2 工蚁的非洛蒙

工蚁是蚂蚁家族的主要成员，为完成各种任务，就要彼此进行联系，交流信息，保持整个群体的协调一致，它们释放的非洛蒙种类最多，作用最复杂，将这些非洛蒙进行排列组合，再辅以行为特征，就可实现各种愿望和表达意志。从这种意义上讲，非洛蒙就是蚂蚁的化学语言。

识别非洛蒙由工蚁释放出来，具有特殊气味，其他工蚁会利用自己的嗅觉和味觉感受到这种气味。只要你留心观察，就不难发现，同窝蚂蚁路上相遇，会互相挥动触角，轻轻相触，仿佛熟人间打招呼一样。它们之间正是利用这股气味来识别对方是否自家人。

如果在途中捉住一些蚂蚁，用酒精将其身上的气味脱掉(非洛蒙为有机物，而酒精是有机溶剂可将其溶解)，再喷上含有另一窝蚂蚁气味的溶液，然后放掉。待这批处理过的蚂蚁回窝时，就会和洞口的卫兵们打起来，视之如仇敌，越打越激烈，直到这批蚂蚁被自己的同伴赶走，或被活活咬死，才能平静下来。这也难怪卫兵们翻脸不认人，因为它们身上的气味完全变了，带上了不同家族的气味，自然会被当作来犯之敌，非歼灭不可。

蚂蚁的足迹非洛蒙也很重要，通常在巢穴和食场之间形成一条用气味划出来的蚁道。当然，如果食场的食物很丰富，大批蚂蚁来来去去，最后会踏出一条有形的蚁道，道中的障碍物尽量被搬掉。如果食物并不多时，当食物搬完，最后回来的蚂蚁就不再分泌这种足迹非洛蒙了。这种物质的分子量很小，易于挥发掉，没有了这种物质，别的蚂蚁也就不再去原来食场了。

蚂蚁归巢主要靠足迹非洛蒙，而不是视觉，这可以用一项简单而有趣的实验加以证明。在蚁洞不远处放一浅碟子，中心部放点蜂蜜，蚂蚁是很喜欢甜食的，一只蚂蚁跑来吃饱后，将蜜反哺给洞内其他成员，然后邀集来一群蚂蚁，这样在碟子与洞之间形成一蚁道。这时将碟子拿走，用酒精棉球将碟子边缘擦净，实际上是将其通向碟外的足迹物质擦掉了，事毕之后将碟子放在离洞口更近处（换一方向），这时留在碟中的蚂蚁，若是眼睛很好的话，就应该很快朝窝的方向爬去。结果不然，它们只在碟内转来转去，很长时间都不离去。为什么呢？因为碟子中的足迹物，仅在碟子中间有，并不通向外面，所以它们也就像带上眼罩的驴子拉磨一样，在里面转呀、转呀，总也走不出来。

工蚁们还会分泌警报非洛蒙，当然蚁种不同警报物的构造也不同。释放警报物的器官有大颚腺、毒腺、直肠腺、后胸板侧腺等。由于这些腺体分泌的量和比例不同，功用也不同，有的起警报作用，有些则用来射向敌人作为一种化学武器。

抓住一只工蚁用手捏死，周围的工蚁会纷纷逃跑。当蚁穴的某段出现危险，则现场的工蚁释放出警报物质，招唤其他工蚁前来抢修，或抢险，将卵、幼虫、蛹运走。

目前，有些警报物质可以人工合成，如某种切叶蚁的警报物质，其化学结构式如下：

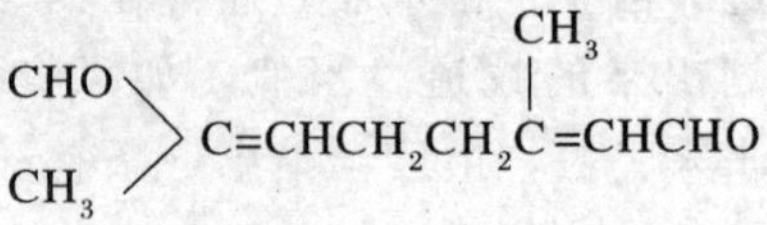

4.4　生命攸关的触角

蚂蚁当中，工蚁的触角最为发达，呈膝状，生于头的前方。雄蚁触角多为 13 节，雌蚁和工蚁多为 12 节，基部最长的一节叫柄节，其余合称鞭节，就像古代武将使用的竹节钢鞭（图 18）。

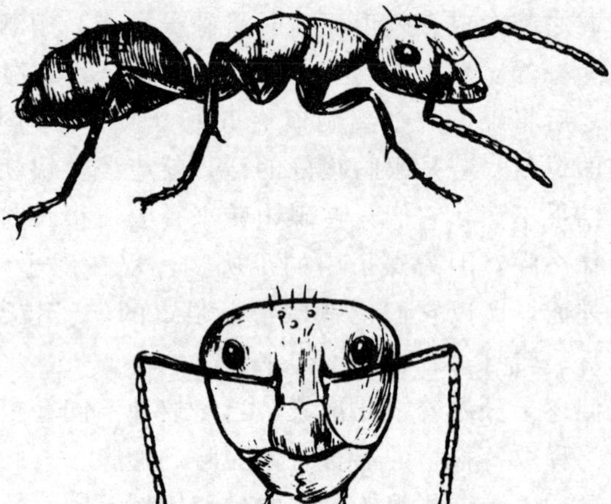

图 18　工蚁及其触角

头顶为 3 个单眼

蚂蚁最为发达的感觉是嗅觉，其他如视觉、听觉均较差。嗅觉感受器主要存在于鞭节的最后 7 节，其中又各有分工。

最尖端的一节（最后一节），主要感受蚁巢的气味，剪掉此节，这只蚂蚁的命运就惨了，因为它已经分辨不出自家巢穴的气味，它会毫无顾忌地钻进不知是哪家的洞，结果往往是被虐杀。

倒数第二节，用来判断同种但来自其他家族工蚁的年龄，即判断对手。异族的两蚁相遇，常常对峙恐吓，怒目而视（图 19）。经判断对手强于自己，便早早退却；若对方实力不如自己，则会咄咄逼人，直到吓退对方为止；真正打得不可开交者，往往是双方势均力敌，互不服气，当然也就互不相让要一试高低了。

倒数第三节，用来辨别足迹非洛蒙，除掉最后这三节，蚂蚁常常要迷失方向，找不到回家之路。

其他几节，主要感受蚁后、卵、幼虫和蛹发出的非洛蒙。除去之后，工蚁会变得六亲不认，既不去照顾蚁后，也不管幼虫的死活，一切熟视无睹，听之任之。与同种异窝蚂蚁之间也不会再争斗。

上述气味当中，工蚁对于蚁后发出的气味感觉最为强烈，而且持久，可以说从生到死，始终不变，隔离数月之后，这些工蚁们仍会主动去关心蚁后。其次是对于家族的气味，可持续 1～2 年之久。对其他气味的感觉，保持的时间不等，少则数日，多则数月。

危难之时，工蚁对待家族成员并非一视同仁。蚁后死掉，经常可以看到几只工蚁围着母后的尸体转来转去，还不时地舔它，充分表现出臣子对自己君主之爱，盼望其能起死回生，这种情景可持续数日。

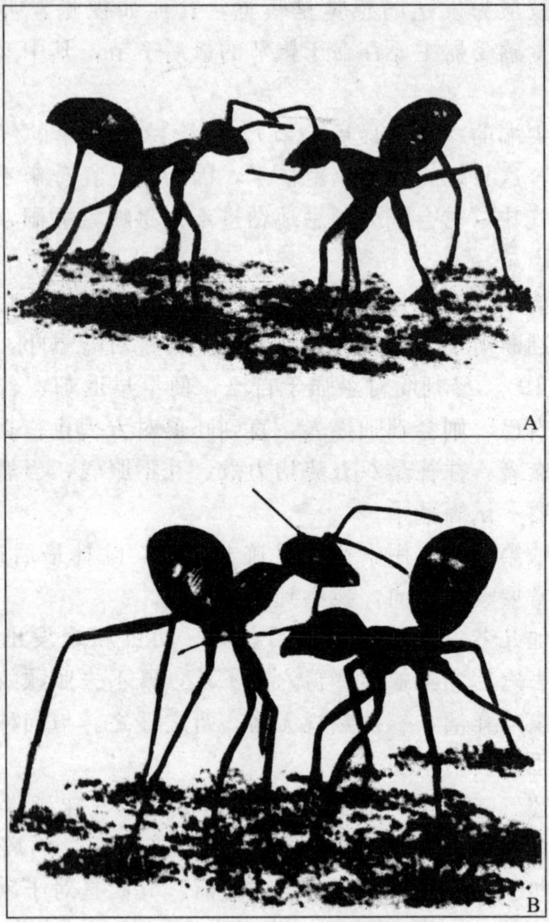

图 19 来自两家族的同种工蚁相遇

A. 怒目而视 B. 掉头翘腹准备攻击

卵、幼虫或蛹遇难，被其释放出的保幼非洛蒙所吸引，工蚁亦放出警报非洛蒙，聚众进行抢救，因为这些成员是家族未来的希望，即使粉身碎骨，也要进行抢救。

工蚁对于自己同事的遇难则表现冷淡。如有工蚁被水淹了，或被砂土压住，只要有几只工蚁及时伸出援助之手，就会使之转危为安。但现实是，根本没有工蚁前来相救。对于受轻伤的工蚁，有时还能去舔舔以示关怀；对于重伤者或临近死亡者，则是立刻拖出去，扔到洞外。比较起来，蚂蚁比白蚁还算慈善，白蚁对于死伤者会毫不在乎地吃掉。

4.5 振动发声与听觉

蚂蚁在遇到危险时，可以振动发声，以示警同类。特别是在树上生活的蚂蚁，更是如此，因为在树上生活，居住、活动均很分散，靠释放化学物质，一则达不到那样远的距离，二则极易被风吹散，而振动发声则是上策。发声时，用大颚与腹部基质相互敲击，发出 4～5Hz 的振动，听到声音者会立刻随之合奏，如此由近及远，由弱到强，最终能传遍整个蚁群。

玛克尔曾对两种切叶蚁[1]的摩擦发声进行过详细观察，声音是由腹部前方和腹柄的后方相互摩擦产生，频率为 6～8Hz。

蚂蚁对声音的感知器官主要位于前肢，其听觉感受器的灵敏度前肢约为后肢的 5～6 倍。

振动声主要用作警戒信号，配合释放警报非洛蒙，可使信息很快传遍整个蚂蚁家族，并能保持相当一段时间，造成一种气氛，使工蚁们激动起来，同心同德，同仇敌忾，共赴危难。

〔1〕 Atta cephalotes 和 Acromyrmet octospinosa

5 安居乐业，疆土战略

动物界有许多规则，势力范围就是其中的一种。

势力范围主要是相对于同种动物而言，目的是保证觅食、繁殖、育儿的场所，避免群体内个体间或群与群之间无谓地争斗，增加内耗、造成两败俱伤。多数个体能自觉遵守这些规则，使之成为群内或群间的一种调节机制。

一条狗在水龙头旁、树旁或电线杆旁撒尿，除作为识途标记外，还暗示同类，此地界已属于我。一只云雀鸣叫着冲向高空，意思是向雄性同类宣布这是我的地盘，请躲远点。刺鱼在水中衔草做窝，周围水域便划为自己的领地，不许腹部变红的雄刺鱼（生殖期）靠近，尽管它们平时可以聚群活动，彼此相安无事，此时却变得翻脸无情。一只蜻蜓飞到河边或池沼，转圈飞翔，若有同性不速之客飞来，便立即迎上去将其赶跑。

社会性昆虫中以蚂蚁的势力范围最为典型，不过它们划定的是自己家族的势力范围。

每个蚂蚁家族都有自己群体的势力范围，以保障取食和育儿场所的安全。相邻同种的两蚂蚁家族之间，一般是遵守各自势力范围，奉行互不侵犯的和平外交，但偶尔也兵戎相见，为争领地而展开激战，其场面之大、战斗之残酷，即使与人间战争相比也毫不逊色。

要观察、研究蚂蚁家族的势力范围，通常是在野外进行。划定一个区域，通常是 20 米×20 米，进而分成更小的方块，如 2 米×2 米。在各小方块交界处配置食饵，然后隔一定时间记录蚂蚁向各自洞中搬运这些食饵的情况及搬运中争斗的情景。如此，就将每窝蚂蚁的行动圈勾画了出来。

通过这种研究，可以看到，同种异窝蚂蚁间有明确的地界，而异种蚂蚁家族之间这种地界则有明显重合。但不同种蚂蚁之间有一定顺位关系，即某种蚂蚁遇到另一种比它强壮的蚂蚁就会自动让开。图 20 是几种蚂蚁的势力范围。

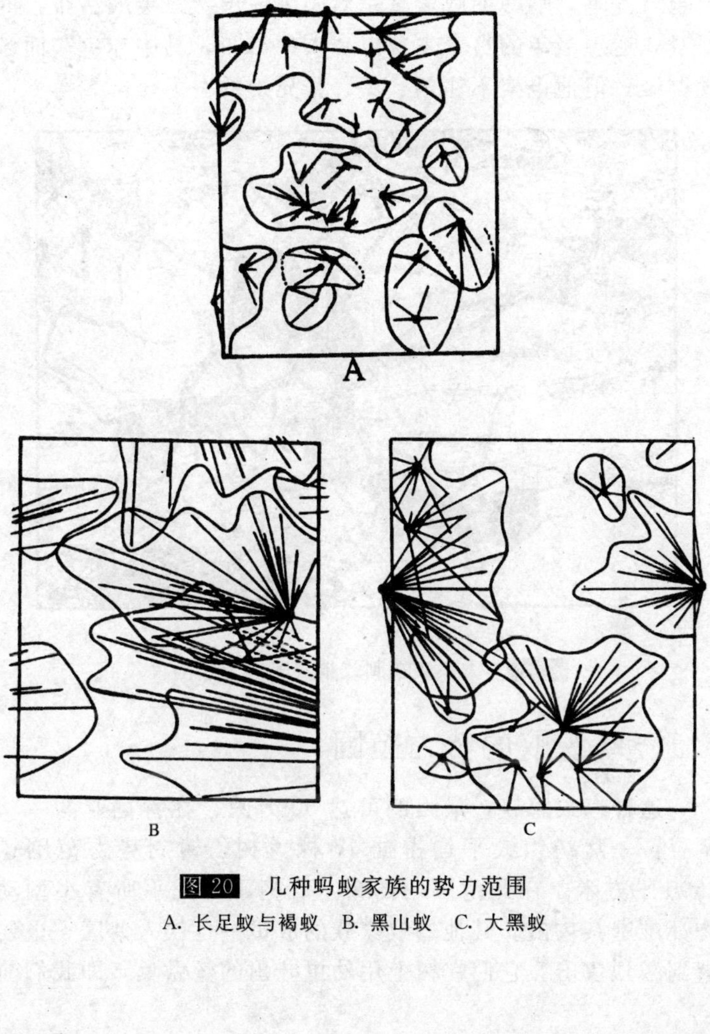

图 20　几种蚂蚁家族的势力范围

A. 长足蚁与褐蚁　B. 黑山蚁　C. 大黑蚁

但是，并非说小个儿蚂蚁就一定要躲避大个儿蚂蚁，当后者不慎单独落入小个儿蚂蚁群中，引起众怒时，往往也难以逃脱，大有虎遇群狼，不逃则亡之状。图 21 是一幅以小欺大的画面，大黑蚁的几条腿，被刺蚁分别叼住，另两只刺蚁则正向其腹部发起攻击。这场恶斗，如果加以放大，再配上金鼓齐鸣，呐喊助威，真是活脱脱一出《三英战吕布》的好戏。遥想当年的吕奉先曾以"人中吕布，马中赤兔"而傲视群雄，但他也架不住刘、关、张兄弟的奋力合击。

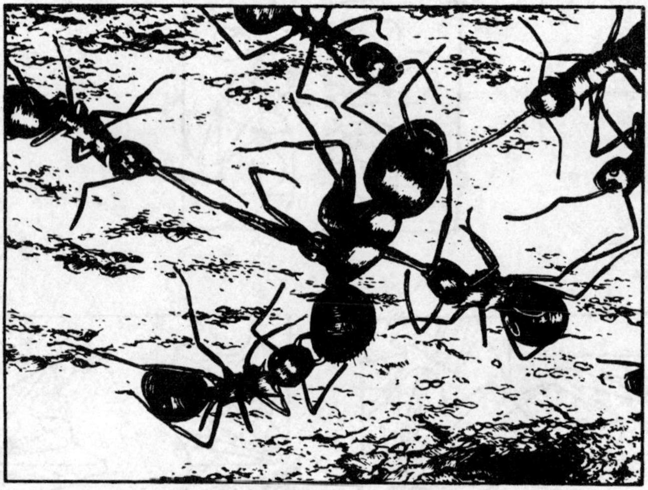

图 21　大黑蚁在刺蚁巢穴附近受到围攻

5.1　纺织蚁的势力范围

这种蚂蚁家族，最大的可达 50 万只。在肯尼亚的一项调查，一窝纺织蚁平均占据 17 棵大树，树周势力范围达 1600 平方米，在此范围内的树上、树下，几乎所有小型动物都难逃其攻击。其他蚂蚁家族的成员一旦误入禁区，也要遭到激烈攻击。它们在树上用幼虫吐出的丝做巢，即我们前面提到过的绢丝巢，每巢数百只至数千只不等，可以推算50万只该有多少巢。从远处望去，整个树冠颜色都变了，在阳光照耀下闪动着金属般的光辉，煞是壮观。

若在某一家族的势力范围内，放入从其他家族抓来的几十只纺织蚁，立刻就会引起争斗，这种争斗很快又能招来更多的蚂蚁参战，结果是几十只外来的工蚁会一只不剩地全部被咬死。

纺织蚁家族所占面积大，且它们的情报系统也很迅速、有效。经研究，这是靠化学物质与接触行为相结合而成，至少可以完成下列五项功能。

1. 食物的搬运　如果食物是尸体或糖分较多的食物，主要动员的是大工蚁，动员方式一是报信的蚂蚁与回巢路上遇到的每一大工蚁之间以触角相抵、摇头、张口反哺食物，意思是说，我发现了食物，让你尝尝是什么样的食物。动员到足够的蚁数后，就带队前往，沿途还要从直肠腺分泌出带有特定气味的足迹非洛蒙，并从嗉囊中吐出一种液体。最后还要在食物周围留下一圈儿这种足迹非洛蒙，以圈定食物的势力范围。于是，便顺着直通洞口的蚁道开始搬运。

2. 占领新领地的动员　随着蚂蚁家族的扩大，需不时地扩充势力范围。同级工蚁之间地位是完全平等的，并无尊卑之分，但中、小工蚁可能要服从大工蚁的调遣。侦察蚁探到新领地返回后，主要是动员大工蚁。动员方式也不外乎靠行为动作加上化学性非洛蒙。两蚁之间触角相抵，动员的一方还不时地前后晃动身体。待对方答应后便带队前去看新的领地，沿途当然忘不了从直肠分泌带气味的非洛蒙作为路标。在选定的领地周围也要释放一圈非洛蒙，意在警告其他家族的蚂蚁，此地已属本家族所有，外族者不可轻举妄动，否则毫不客气。当大工蚁们同意此地可以安营扎寨时，便开始移位新领地的活动。

3. 迁移新领地的动员　表现形式类似前项，但无身体前后晃动动作。最先搬迁的是幼蚁及蛹，幼蚁是为了利用其吐丝筑巢，蛹是为了使新生出的工蚁能立刻适应此新家。当然如果数量太少，还要“拖”来一些工蚁，这里的“拖”并非强迫，可能就类似我们拉朋友去参加某项活动或一块儿去游玩。

4. 近距离战斗时的动员　当猎物较大极难捕获或有其他家族蚂蚁犯界时，需就近动员工蚁们立即联手行动。这种情况下，一般没有什么多余的行为动作，因为战事紧急容不得慢慢悠悠，此时主要从腹板腺释放出足迹非洛蒙，画一小圆圈，然后翘腹露出分泌腺，就像打仗时的炮兵阵地，一圈是炮位，翘腹就像炮口抬起准备发射。

5. 远距离战斗时的动员　当两个相邻家族之间发生了边界纠纷或要争夺新的势力范围时，往往形势严峻，决不同于前一种情况，只需十几只或几十只蚂蚁就能解决问题。这是要打一场战争，可能是保卫战，也可能是侵略战。观察此时的蚁群，触角相抵，显得异常兴奋，身体不停地晃动，纷纷从直肠释放出非洛蒙，大有摩拳擦掌，与敌一决雌雄之势。

5.2　收获蚁的蚁道

美国的西南部，气候炎热干燥。那儿生活着一种叫收获蚁的蚂蚁，主要靠搜集成熟的草籽生活。草籽的成熟是有季节性的，落地的草籽又是一片片的。这样，从洞口到采食场就形成一条条蚁道，顺着蚁道蚂蚁们往回进行搬运，此画面颇像从前秋收季节南方农民挑稻草时的情景。

主蚁道较长，至少 40 米以上，一般一个家族拥有两条或三条这样的主蚁道。即使下过大雨，这种主蚁道也不会消失。蚁道的尽头是蚂蚁们的收获场地，工蚁们纷纷散开四处搜寻草籽，就像从前在田间劳动的农民。

在同一处地方生活着许多个蚂蚁家族，不同家族成员相遇，免不了要引起纠纷，但季节不等人，如果整天忙于打架，暴风雨一来可能就会将到手的粮食化为乌有。正因为如此，各个家族的主要蚁道都要错开，互不交叉，各走各的道，各收各的粮。图 22 是一张多个收获蚁家族的巢穴与主蚁道分布图。

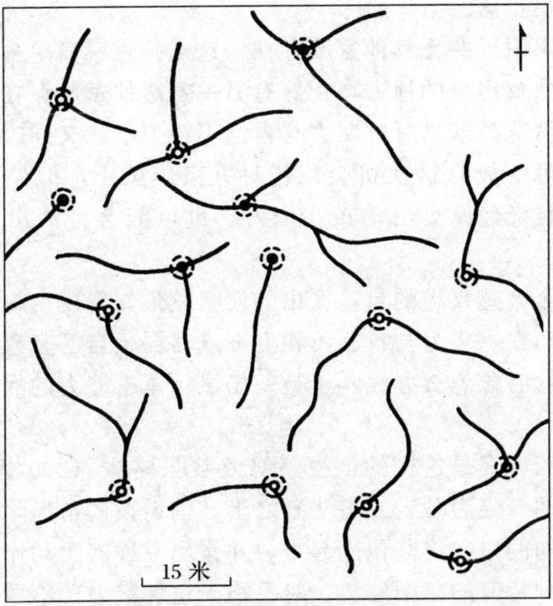

图 22　收获蚁巢穴与主蚁道分布图

黑点及白圈分别代表两种收获蚁

虚线代表巢的势力范围，伸出的线为主蚁道

5.3　蜜罐蚁的势力范围

关于蜜罐蚁，后面有专门的章节加以介绍，此处主要谈谈其势力范围。

蜜罐蚁广泛生存于北美干燥或半干燥地区，属中型蚁，至少有 27 种。蜜罐蚁以蜜汁和白蚁为食，因其中专门有一些蚂蚁以自己的身体作为贮蜜罐，故而得此名。

有一种蜜罐蚁[1]主要以白蚁为猎物，而白蚁以家畜的粪便为食。当牲口停在某处休息，拉下粪便，很快会招来白蚁。蜜罐蚁派出侦察兵四处活动，当它们发现白蚁行踪后就急忙回巢报信。

如果附近并无其他家族存在，这场狩猎就简单多了。如果就在白蚁出没的地方，正好有另一蜜罐蚁家族存在，这可分几种情况：若是对方实力与自己不相上下，又同时发现猎物，则可能放弃这次机会；若对方家族虽小，但先发现白蚁，而且已经倾巢出动正在围歼，也可能会打消出兵的念头。

最令人感兴趣的是，派出的侦察蚁最先发现白蚁群，地点又正巧在一实力与自己不相上下或略弱于自己家族的蚁穴旁边，这时该怎么办呢？于是一场显示军事能力的战斗便展开了。

作战方案是这样的，一路蚂蚁数虽略少（200 只左右）但均出动身强力壮、好勇斗狠之士，悄悄摸向猎场附近那一蜜罐蚁的洞口，将其包围起来，并作出一种威胁动作：伸腿作出一种特有的舞蹈姿势。对手慑于这种威力，不敢轻举妄动，一则是因为摸不清虚实，二则让人家包围了洞口不便调兵遣将，只好忍气吞声。其实包围的一方只是故作姿态，围而不打。与此同时，一支庞大的队伍调到了猎场，开始对白蚁进行大规模围歼，杀死并将白蚁运回自家巢穴。战斗结束，两支队伍同时凯旋而归。

---

〔1〕 Myrmecocystus mimicus

平时，两个家族各自拥有自己的势力范围，仅在交叉地带有些小摩擦，其他地方一般不会引起事端的，图 23 就是两个蜜罐蚁家族在平时及狩猎时的形势图。

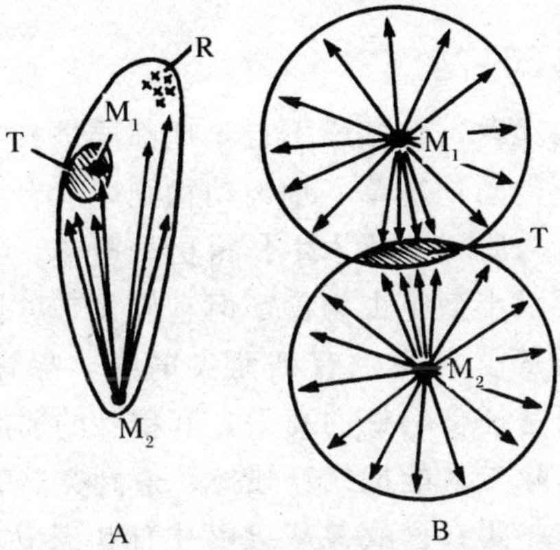

图 23 两个蜜罐蚁家族的势力范围

A. R 为白蚁出没的地区，M_2 家族先侦察到猎物，便兵分两路，一路围住 M_1 家族洞口，另一路直取白蚁，T 区为双方炫耀武力区，其他区暂时为 M_2 家族的势力范围。

B. 平时 M_1 和 M_2 两蜜罐蚁家族的势力范围，T 区的交叉处，时有小小的争端发生。

6 防卫有术，兵器天赋

自然界的动物，自觉或不自觉地都要进入生态平衡的大环境中。食草类动物吃草，食肉动物则以前者为食，两类动物的粪便又作为肥料使草木生长得更加茂盛。

蚂蚁主要以小型昆虫为食，但它们又有可怕的天敌，如食蚁兽、鸟类等。鸟类生有细而尖的嘴，啄食蚂蚁毫不费力；食蚁兽更是捕食蚂蚁的高手，其粗壮的前肢配上坚硬的大爪，三下五除二就能把蚁窝毁掉，遭到突然袭击的蚁群熙熙攘攘，乱作一团；食蚁兽从尖嘴中伸出长达 30 厘米的舌头，舌上布满极粘的唾液，一伸一缩便将成百只蚂蚁（或白蚁）送进口中。

有些昆虫也是蚂蚁可怕的天敌。蜉蝣，样子有点像蜻蜓，幼虫生活在水中，成虫之前爬到岸边土穴中，颜色与土色相似极难发现，这里是蚂蚁的地狱，蚂蚁经过时一下子就被拖进洞中。蚂蚁的另一可怕天敌是斑蝥，夏天当你走在山路上，常可看到这种昆虫，鞘翅上有斑纹，色彩鲜艳，闪动着金属般的光辉，人一走近立刻飞起，落在前面的路上，山民们称它们是“引路”虫。斑蝥有毒，可入药。斑蝥喜食蚂蚁，其捉蚁的情景使人不由得想到猫捉老鼠。蚂蚁爬到草上或树上也不安全，椿象、捕蝇蜘蛛等，这些平时以树的津液或苍蝇为食的动物，见到蚂蚁也毫不客气（图 24)。

蚂蚁根本不可能对付上述的这些天敌，因为相差悬殊，毫无还手之力，能逃掉性命已属万幸。蚂蚁的防卫系统，主要是用来对付同类或自己猎物的。

图 24 蚂蚁的天敌

A. 斑蝥 B. 捕蝇蜘蛛

6.1 大颚与头栓

蚂蚁的常规武器是头上的一对大颚，攻击猎物与防卫都离不开它。大颚依蚁种不同，有各种形状，如勾、剪、锯、钳、刀、铗或叉等，其中以切叶刺蚁、行军蚁和纺织蚁的大颚尤为发达。对手一旦被其咬住，头或肢体一下就被切断，遭到致命的一击。即使大型动物不小心招惹上它们也会被咬伤，图 25 是几种大颚的形态。非洲有些地区，或印度的医生们用这种大颚来缝伤口，将伤口皮肤对整齐后，夹住一只蚂蚁，让其用缝针般的大颚用力咬住，剪断头部，就将伤口牢牢地缝合起来。

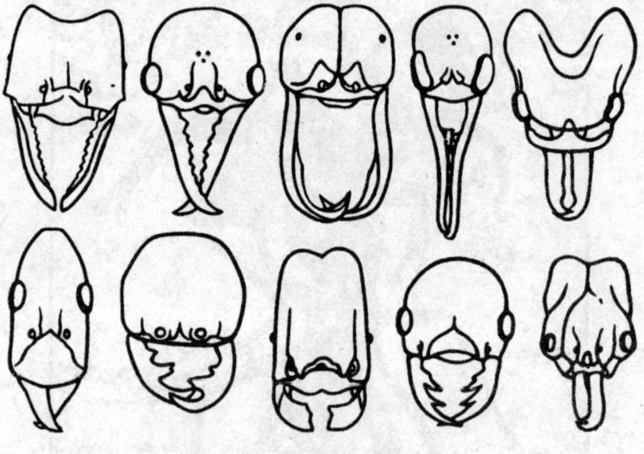

图 25　几种蚂蚁大颚的形态

头栓是指有些大型工蚁或兵蚁[1]头部前面较平坦的部位，细看可见许多小的凹陷，内中生有感觉纤毛，这些纤毛对气味很敏感，可以判断进洞者是自家人还是入侵者。这类蚂蚁多在枯树内做窝，依洞口大小由一只大工蚁（或兵蚁）

〔1〕 特别是蚁亚科的 Camponotus 属和切叶蚁亚科的 Gyptocerus 属

把守，或几只共同把守，遇同窝蚂蚁回巢时则自动躲开，让它们进洞，若遇外来蚁则紧紧堵住，不让其进洞（图 26）。

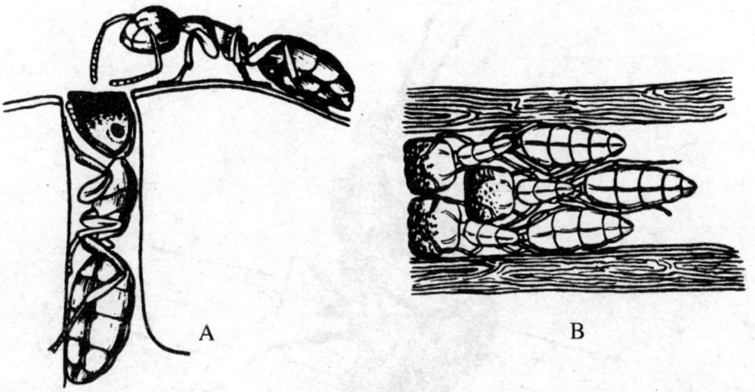

图 26　兵蚁护巢

A. 单兵堵洞口　B. 三兵堵洞口

6.2　毒刺与毒液

膜翅目昆虫一般都生有毒刺，蚁类也不例外，据统计，12 个亚科中就有 10 个亚科的蚂蚁生有毒刺。这种毒刺与蜜蜂还不一样，可反复使用。蜜蜂在迫不得已时才螫，螫过之后连同毒腺一起脱落，由于腹部破裂蜜蜂很快会死掉。有一种蜂毒疗法，是用来治疗关节炎、脊柱炎的。治疗时医生用镊子夹住工蜂，让其螫一定穴位，螫过处留下毒腺和毒刺，刚脱落的毒腺还在不停地收缩，最后使其中的蜂毒全部注入到皮内。据说此疗法很有效。

毒刺退化的蚂蚁仍可以直接喷射出毒液，毒液成分主要是蚁酸，有很强的刺激性。遇强敌时，常常是很多蚂蚁同时喷射，只见它们腹部前伸、上翘，如炮群一样一齐向敌人发射。在捕捉蚂蚁时，你应该多加小心，毒液射到眼睛内会疼痛难忍，睁不开眼，泪流不止。这种毒液在两个家族混战时却很少使用，因为敌我难分，弄不好会伤及自己。图 27 是一只工蚁正在放毒。

图 27 工蚁喷射毒液的姿式

6.3 粘液防卫

乌贼遇到敌人袭击，会喷出一团墨汁，把海水搅混，自己趁机溜走。蚂蚁也有类似的自卫功能。马来西亚的森林里生活着一种刺蚁，遇敌后从腹端喷出白色泡沫，其中含有大量粘蛋白。喷射范围约直径十几厘米，很快自身就可被这种白色泡沫包围起来。这种液体来自毒刺的基部，喷射前从气门吸进空气，通过腹部收缩将空气送到尾部，混合后再射出来。

6.4 裂腹阻敌

东南亚有一种蚂蚁[1]，俗名“自爆蚁”，为世间所罕

〔1〕 Camponotus (Colobopsis) 属

见。大颚腺异常发达，可从头部一直延伸到发达的腹部（图28）。遇敌时，腹部立刻极度膨胀，直到破裂，粘稠液体迸出，将敌人粘住使其不能自由行动，以自我牺牲来掩护同伴逃脱。

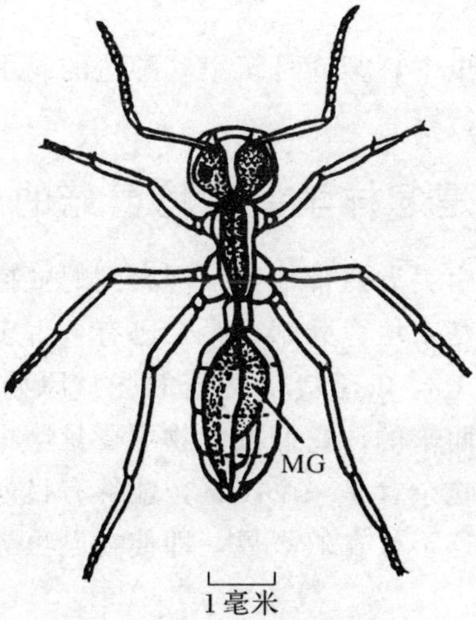

图28 “自爆”蚁的大颚腺（MG）

MG是从头部一直延伸到腹部的大颚腺

7 蚍蜉撼树，栽种蘑菇

社会性昆虫中，蜜蜂是筑巢和酿造的高手，而白蚁和蚂蚁则是园艺的行家。

7.1 蚂蚁是怎样学会栽培蘑菇的

最早是在南美洲热带地区，观察到蚂蚁摘取树叶，运回洞中作为培养基来培育蘑菇，距今已有一百多年了。

蚂蚁们是怎样知道栽培蘑菇的呢？原始的蚂蚁是从土蜂、胡蜂衍化而来的，它们的食物主要是昆虫、动物尸体和蜜汁，发展到吃杂食是一个飞跃，能够有目的、有步骤栽培蘑菇，可以说这不仅在蚂蚁界，即使在昆虫界，已经算进化到了高级阶段。

人要想种好蘑菇也不是件容易的事，先要学习有关知识，要盖合适的暖房，房内温度和湿度都有极严格要求，要铺好培养基（马粪等），消毒以清除杂菌，采购菌种，经过精心管理最后才可望获得丰收。有不少人，由于中间出了问题，结果栽种失败。

但这一切蚂蚁却能熟练地做到，当然这里主要是指切叶蚁类。人们自然会问，蚂蚁是怎样知道栽种蘑菇的？最初是跟谁学的？对此说法不一，且多属推测。

一种观点认为，白蚁出现远较蚂蚁要早，白蚁的主要食物是纤维素，但纤维素是不易消化的，所以在白蚁的肠道内有许多许多细菌，使纤维素得以发酵、分解，这样就变得易于消化和吸收了。碰巧，在排出的混合物中混进了孢子，不久长出了蘑菇，吃起来味道远胜于木质纤维，而且极易消化，所以就精心培育，后来就成为白蚁的一门技术。

但白蚁是比较弱的昆虫，常遭蚂蚁的侵犯。特别是那些经常在树上活动的蚂蚁，它们猎获白蚁的同时，还发现了白蚁这一家传技艺，尝一尝觉得蘑菇很可口，于是带回洞中，开始种植。

当然也有人认为，是切叶蚁自己创造出栽培蘑菇的方法，理由是白蚁种的蘑菇主要是草菇和豆荚菇，这些菇类在切叶蚁的巢穴中尚未发现。因此认为是蚂蚁偶尔发现蘑菇可口，于是带进洞中加以培植。

7.2 栽培的全过程

早在蚁后当初结婚飞行时，就将娘家的菌种藏在了自己口中凹陷处，之后经自我奋斗开创了家园，到一定规模时，开始开辟蘑菇园地。这项任务，当然是交由工蚁们来完成。

巢内有三类工蚁，最大工蚁体长 1.6 厘米，这种工蚁承担保护家园的任务，一般是不外出的。中型工蚁，腿长，适于爬树，它们选定树后爬上去，用大颚将树叶切割下来，搬运回洞。这种蚂蚁在西半球热带地区，被当成是农业的一大害虫，一棵大树一天就能变成秃头，有时走到树下，碎叶如下雨般纷纷落下，细看那些落地叶片还在活动。这对蚂蚁来说是一场劳动、收获，但对于人类却是一场破坏、灾难。

树叶运回巢后，接着便是小工蚁们的工作了。在巢中要对叶片进行加工：吮舔、切成细块，从肛门中排出液体加以湿润，然后揉、搓、咬，最后成为浆状的苗床。在苗床上先播种孢子，当孢子长成菌丝，还要移栽菌丝。菌丝迅速生长，不久顶端出现小型球体，这是喂养幼蚁和蚁后的极好饵料。图 29 是切叶蚁在切叶及运叶，图 30 是小工蚁在栽种蘑菇。

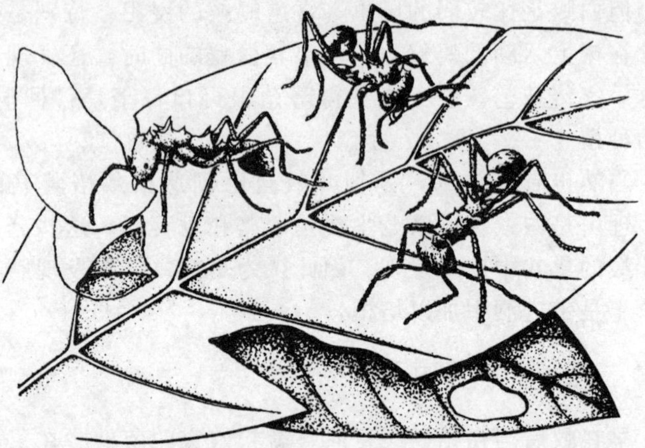

图 29　切叶蚁在切叶、运叶

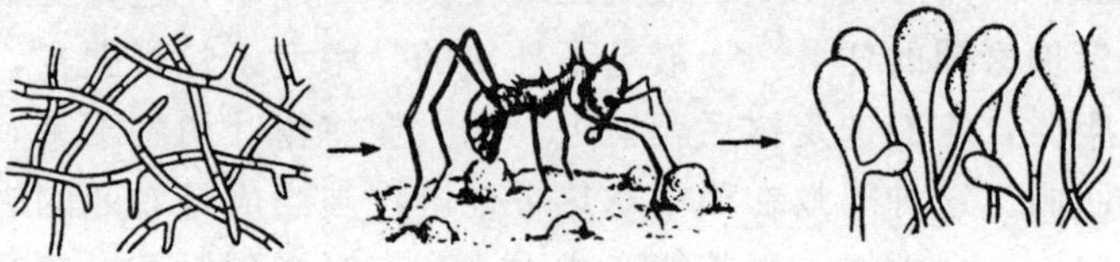

图 30　切叶蚁的小工蚁在栽种蘑菇

A. 为苗床上长出的蘑菇菌丝

B. 蚂蚁栽种菌丝

C. 长成的蘑菇，顶端小球为食用部分

不同种类切叶蚁的苗床准备、栽培方法都不太一样，可见这一行为并非单纯出于本能的机械活动，而是包含有学习和灵活运用的成分，由此也可见切叶蚁的智力显然要高于一般的蚂蚁，更高于一般的昆虫。

7.3 田间管理

是否栽种上菌丝就万事大吉了呢？远非如此，因为要收获的并不是菌丝，而是菌丝顶端长出的小球。为此，要防止菌丝过度地繁殖。小工蚁不时地将有些菌丝除去，这就像瓜农们管理西瓜一样，并非瓜秧越茂盛越好，瓜秧长“疯”了，瓜是长不好的，所以要掐尖、打叉，进行田间管理。

这种蘑菇对于切叶蚁是至关重要的，因为它是幼虫必不可少的食品。有时因为小工蚁数目不够，菌丝泛滥难于阻止，这会造成整个蚁洞毁灭，使幼虫窒息而死。因此，一旦将要发生这种菌丝“疯”长灾难，工蚁们只好携蚁后及幼虫、蛹等弃家而逃。

被遗弃的蘑菇园地，很快就会长出许多杂菌之类，就像无人管理的公园，杂草丛生，一片狼籍。可见田间管理是多么重要。

7.4 释放活性物质

要保障蘑菇生长，决不是单纯上述整地、备床、栽种和清理菌丝这样一些体力劳动。肯定还要释放出一些特殊物质，否则为什么杂菌在一般情况下不能生长而废弃后立刻会长出来呢？

有人用特殊技术，将工蚁栽种情况拍摄了下来，经过放大，可以清清楚楚看到，一只切叶蚁两前足之间夹有一段菌丝，用足将它送到腹端，然后从弯曲的腹端分泌出一滴液体滴落在菌丝上，液滴很快被吸收，最后才将此段菌丝栽种在苗床上。从小工蚁腹端分泌出的液体既有促进菌丝生长的物质（如3-吲哚醋酸），又有杀菌物质（如苯乙酸），另外还有一种抑制其他杂菌孢子发芽的物质。

7.5 地上巨蘑

在阿根廷，有一种稀有的切叶蚁品种[1]，它们不是在自己的巢穴内种蘑菇，而是种在洞口。不是种很多棵而是只有一棵巨大的蘑菇[2]，其顶盖的直径达30～40厘米，重3公斤，它是这窝蚂蚁唯一的营养来源。这种巨蘑只生于此种切叶蚁洞旁，其他蚁洞口都看不到。是巨蘑招来了蚂蚁，还是此蚂蚁栽培的巨蘑，目前尚有争论，但不少人倾向于后者。

7.6 菌丝球的营养价值

菌丝球营养价值很高，据分析1克菌丝干品（小球难于大量采集，只好用菌丝代替）含碳水化合物272毫克、蛋白质130毫克、脂肪2毫克，以及多种维生素和微量元素。

蚁后每小时吃两个这种小球，幼虫则主要以此为食。

假如能够将切叶蚁种植蘑菇的全过程搞清楚，又能用人工方法合成工蚁释放的活性物质，那么就可以将这种种植过程变成工业化生产，其前景也许是极其可观的。

〔1〕 Atta vollemweideri

〔2〕 Locellina mazzuchi

8 兼作农夫，栽种五谷

蚂蚁在地下可以栽种蘑菇，这也是从事农业生产。另外，也曾有报道，在亚马孙河流域，蚂蚁在树上做泥巢，垒巢的同时把自己喜欢的草籽、花籽和一些果实的种子等种在自家的巢里。不久整个巢就变成绿色，长满植物，开出许多五颜六色的花，当然蚂蚁主要目的并非为了装饰，也不是为了欣赏，而是为了让这些植物的根须将巢固定得更牢，就近吸食花的蜜汁和捕捉落在上面的小昆虫。当然这些都算不上是栽种五谷，只不过是无心插柳却柳成荫罢了。

8.1 播种蚁与割草蚁

墨西哥有一种蚂蚁[1]，人称播种蚁。在蚁巢的周围常常长着茂盛的杂草，工蚁们就用自己的大颚一棵一棵从根部将这些草咬断，如果按照比例来讲，就仿佛是伐木者在密林中伐树，硬是凭着这种“蚂蚁啃骨头”的精神，它们将巢穴周围开辟成了一大片空地，在空地上栽培了被称作“蚁稻”的一种针草。

后来有一位昆虫学家进行了耐心地观察，结果认为这种蚂蚁主要是在割草，顺便留下了蚁稻，由于没有了杂草的干扰，所以蚁稻长得很好。蚁稻并非特意种的，所以这些蚂蚁应该称之为割草蚁，不应叫做播种蚁。

在阿尔及利亚和法国南部有一种“收获蚁”，在雨季不停地翻动自己洞内贮存的粮食，见到有些种子发芽，恐其放

〔1〕 Pogonomyrmex，Barbatus

出的热量和二氧化碳会危及蚁群，于是就将其叼到了周围开垦出来的地里。这些发芽的种子很快就在地里扎根，生长起来，于是就成了蚂蚁的庄稼地。

蚂蚁贮存粮食是很严格的，不能食用的种子，种皮会被抛到别处，贮存的粮食分门别类管理严密。如果没有雨水灌进蚁洞，粮食一般不会发芽，这也是个令人感兴趣的问题。粮食一潮就要发芽，蚂蚁洞就在地下，周围是土，为什么就不会发芽呢？是否种子用什么特殊物质浸泡过而失去了发芽能力？也不像，因为一旦将种子移至洞外，这些种子的发芽能力还是正常的。

有人认为，蚂蚁设有一个晒谷场接近地表，天气好时就把贮存在洞中的粮食依次搬到这里晾晒，所以不会发芽。另外，蚂蚁唾液中含有抗菌物质和防腐剂，所以这些粮食也不会霉变、腐烂。

这样看来，蚂蚁不但能种、能收，而且还善存贮，这真值得我们人类好好学习的。每年贮存粮食过程中，因霉变造成的损失是十分惊人的。家中存粮最怕的是生虫儿，面虫、米虫防不胜防，这成了家庭主妇的一块心病，扔掉吧怪心疼，吃吧直觉恶心。

8.2 面包师

蚂蚁们吃粮食并非像蟋蟀那样，一点一点咬着吃，而是要让“面包师”加工。蚂蚁们食用这些贮存的粮食，要先粉碎，嚼成粥样，这是兵蚁和工蚁的工作，由它们来充当洞中的“面包师”。

兵蚁长着一双有力的大颚，先将坚硬的粮食咬成碎屑，然后经工蚁反复咀嚼，使之成粥状物。工蚁们将这种液体食物反哺给其他成员，特别是蚁后和幼蚁。冬天洞中蚂蚁主要靠这种粥样食物生活，所以面包师的工作在冬天一刻也不能停止。

冬天过去了，这些面包师们也就变得不重要了，有一种蚂蚁是极其残酷和忘恩负义的，开春后将面包师们全部杀死，抛尸洞外。入冬前，蚁后又重新繁殖出新的面包师。

8.3 蚂蚁灭火

人有七灾八难，农家的最大灾难莫过于失火，一场大火可将全部财产化为灰烬。蚂蚁也怕火灾，殃及蚁冢，这会使巢内成员全部被烤死、闷死。而森林和草原又常常容易起火。

国外新闻曾报道过这样一个消息：在蚁冢处点燃一堆小火，召来一群红山蚁列队喷射蚁酸，几分钟内就将火扑灭了。为保家园，蚂蚁也能做到奋不顾身，有些站在前头灭火的蚂蚁，直至被活活烤死仍不后退一步。

当然对于大火，小小蚂蚁是无能为力的。它们这种灭火的举动，并非出于经验，因为难得遇上火灾，即使赶上了，结果也只能是家毁蚁亡，不会留下活蚁让其记取经验。这种灭火行为，只不过是一种反射。如将一滴带有异味的液体，滴在洞口处，蚂蚁们很快会叼来土粒、垃圾将其掩盖起来，尽管在此之前它们从未闻到过这种臭味。

9 不吐不快，腹作贮袋

除了行军蚁是全体出动各自猎食外，其余蚂蚁都有明确的分工，部分工蚁外出觅食采集回来食物，如果是大型昆虫的尸体或谷粒、草籽等，叼回洞中大家都可慢慢食用。当外出碰到蜜汁（来自蚜虫、树干虫瘿液状物等）时，是仅这一只蚂蚁独吞，还是回洞后分给大家呢？

9.1 工蚁间的食物交换

为了搞清楚当一只工蚁采集到满腹蜜汁回巢后它会如何做这一问题，让我们先来做个小实验：选黄色蚁种，在它们的洞旁放一塑料布，上面放上一小堆蜜，蜜事先用蓝色墨水调过。不久，有几只黄蚂蚁爬过来，发现蜜后就开始吸食，很快腹部就膨胀起来，当这些身体呈蓝色的蚂蚁回洞途中碰到了另一只外出的工蚁时，两蚁停下来触角相抵，很快一滴蓝色液汁从食过蜜汁的蚂蚁口中吐出来，被另一只蚂蚁舔吸进去，这种行为叫做“反哺”，是蚂蚁之间进行食物交换的重要手段。

据研究，工蚁采集吞食下的液体食物，仅有 20%进入中肠供自家消化用，剩下 80%都是准备反哺给其他成员的。

固体食物也能进行交换，但交换速度和范围则远不如液态食物。当食物是液态时，一只工蚁 1 小时后可传给 20 只左右工蚁。图 31 为两只蚂蚁间进行反哺的情景。

蚂蚁的幼虫有点像蛆，在洞中它们的活动能力很差，要靠工蚁前来喂养。通常，工蚁将胃内容物或咽后腺分泌物反哺给幼虫，有时也给些固体食物，让幼虫们啃着吃，但多是些被杀死的昆虫等。

图31 两只蚂蚁间进行反哺

特别属种的工蚁〔1〕还能够生出所谓“营养卵”，这是些极富营养、含有高蛋白的卵，专门用来喂养幼虫。

当然，工蚁们在喂养幼虫时，也会从幼虫那里得到它们所喜欢的东西，就是从幼虫的口器或肛门分泌出来的液状物，类似唾液一样的东西，其中含有丰富的蛋白质和氨基酸。由此看来，工蚁们给幼蚁以食物数量上的满足，而幼蚁回报给工蚁的是另一种物质享受。

9.2 贮藏蚁（蜜罐蚁）

在北美大陆半干燥地带，有一种能够贮存蜜汁的蚂蚁〔2〕，人称“蜜罐蚁”。因为这地区干旱、炎热，有较长时间是枯水季节，为了适应这种环境，其中就有部分工蚁分工变成了食物的贮藏袋（罐），将收获季节得来的液体食物，贮存在它们的身体内。平常这些工蚁的身体只有5～6毫米长，但充满蜜汁后直径可达1厘米，像颗熟透的葡萄，当地居民常常到处寻找蜜罐蚁的洞穴，挖出这种“葡萄”来吃。

这种身躯弱小的蜜罐蚁，硬是在红色砂岩中挖出一个占据1.5立方米左右的蚁巢，设有走廊、库房、产卵室、育儿

〔1〕 Passera et al，1968，Bruniquel，1972

〔2〕 Myrmecocystus

室等，另外还单独拥有十余间贮蜜室。每个贮蜜室中，有30只左右的蜜罐蚁。

充满蜜汁的蜜罐蚁，用两前腿死死抓住洞室的顶壁，据说在其死后2～3天才会松开掉到地上。这些蜜罐蚁就像一个个气球，呈半透明状，如不小心掉下来就可能摔破，即使不破裂它们也不可能再爬到顶部位置，因为这种体态根本就不可能自由行动。

这种事实真让人猜不透，把自己的躯体当成贮藏蜜汁的囊袋，不吃不动还要死死抓住顶部悬挂起来，这一切到底是为了什么呢？难道仅仅是满足于当其他工蚁们来求食时，吐给它们一些蜜汁，从而享受不吐不快的那种感觉吗？

更让人不可思议的是，当蜜罐蚁从天花板掉到地上，它只能痛苦地挣扎，自己却无法移动身体，其他工蚁也不会前来帮忙，直到死去为止。对于这只死掉的蜜罐蚁（其贮存的蜜汁还是好的），即使是被饥饿、干渴折磨着的工蚁们遇到，也决不会将其开胸破腹吸取蜜汁，而是大家默默地将它拖到洞外相当于墓地之处抛掉。对于这一切行为，就像我们地球上生活的人突然有一天到了外星，看到那儿的“人”的风俗习惯那样不可理解。图32是一只工蚁趴在天花板上，用触角轻触一只蜜罐蚁的头部，要求反哺一点蜜汁，这也许是为了自己，也可能是带回去喂养幼虫或蚁后。

在炎热干旱季节到来时，蚂蚁家族赖以活命的食物来源主要靠这些蜜罐蚁，这是肯定无疑的。然而，这些充当蜜罐蚁的成员，当初是自愿充当的呢？还是根据需要委派的？它们与普通工蚁之间是不是有结构上的区别？充当这种贮袋作用在主观感觉上是一种享受还是一种牺牲？这些问题尚留待人类去研究、探索。

图 32　一只工蚁正在求蜜罐蚁反哺蜜汁

10 养畜放牧，精心照顾

有文字记载的人类文明史，也不过仅仅几千年的时间。几千年前，我们的祖先还处于挖树根、吃野果、茹毛饮血，还不知道种庄稼和饲养家畜。以后经过无数次的实践、试验，才逐渐学会将暂时吃不完的温顺的鸟兽饲养起来，并渐渐尝到了甜头。不用奔波，不必冒险，随时可以获得肉、蛋、奶和皮毛，规模逐渐扩大，这样人类就由狩猎采集时代进化到了畜牧农业时代。

其实远在那个年代，那些号称是灵长类之首的原始人，只要留心看看出没于自己周围的小小蚂蚁，就会觉得自己懂得养畜放牧之道是太迟了。

10.1 蚂蚁与蚜虫

可以这样想象，最最当初，有一只蚂蚁转来转去寻找食物，它眼神儿不是太好，但触觉和前脚的味觉却极为灵敏，无意中触到了一个个娇小柔软的躯体，轻轻用触角碰一碰，前脚就会沾上甜美的露汁，这对于喜食甜汁的蚂蚁来说真好比是天赐之物，吸饱后急忙回巢，兴奋地用触角告诉每一个伙伴，通过反哺请它们品尝甜汁的美味，结果立刻引起轰动，公认这是一项伟大发现，于是列队开向蚜虫出没的地方去求取这种可口的甘露。

蚂蚁在自己洞口周围找到蚜虫，把这些蚜虫驱赶到鲜嫩的枝叶处，如遇某处蚜虫过于集中，还会把它们分散开，目的是让这些蚜虫更好地吸食植物的津液。

作为报答，当蚂蚁用触角轻轻抚摸其侧腹时，蚜虫就会从肛门分泌出一滴蜜汁。一只蚜虫一小时内可分泌 20 多滴蜜汁，试想一只蚂蚁管理着一群蚜虫，出没于棉苗、菜苗之间，这不就是一幅“风吹草低见牛羊”的牧歌图吗（图 33）。就像牧民们日常生活离不开牛奶、羊奶那样，蚂蚁们随时可以从蚜虫那里获得足够的蜜汁，吸够带回去，再反哺给蚁后、幼虫和其他工蚁。

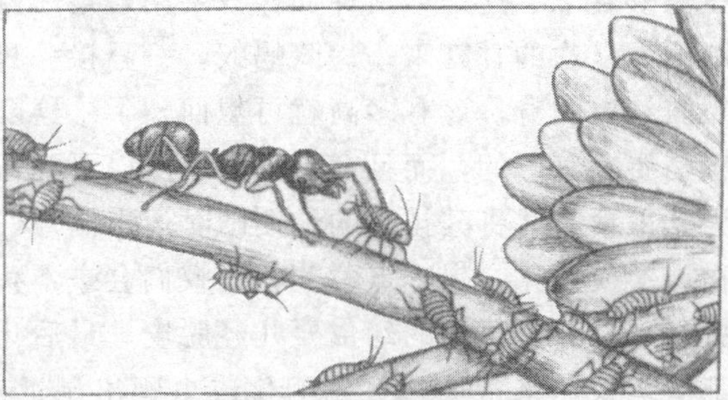

图 33 蚂蚁在放牧

用触角轻抚蚜虫侧腹，蚜虫尾部分泌出蜜汁

蚜虫的天敌之中有不少是昆虫（如七星瓢虫），由于惧怕蚂蚁的那对大颚，也只好远远地躲开，这样蚜虫们便无忧无虑地大吃起来，一处嫩叶吃光了，蚂蚁还会帮助它们迁移到更好的地方，只要别忘了当蚂蚁爱抚时释放一些甜汁就行了。

据说有一种茶褐色刺蚁，为防止饲养的家畜（蚜虫）逃跑，还将蚜虫长出的翅膀咬断。

10.2 大黑蚁与黑蚬蝶

黑蚬蝶[1]张开双翅的样子像贝，虽算不上漂亮，但却极聪明，产卵前先飞来飞去寻找合适的地方，当它发现一处

[1] Lycaeneides

蚜虫聚集的地方有蚂蚁出没时，就在附近悄悄地产下了卵，不久卵孵化成幼虫，幼虫腹部分泌出蜜样物质。蚂蚁遇上了，舔舔，甜极了，这可比搜集蚜虫蜜露来得容易，于是就将这种幼虫带回洞，以供自己随时食用。这些幼虫就是所谓的“蚁客”——蚂蚁家族里的客人。

黑蚬蝶幼虫长得很快，与蚂蚁相比仿佛是人旁边的一匹大马。在蚂蚁看来，这是尊活神仙，只要用触角一碰下腹部就会分泌出你喜欢的甘露来。一队蚂蚁，一只接一只前来求蜜，黑蚬蝶幼虫的身价该有多高就可想而知了。这匹“高头大马”也是要吃东西的，而且食量颇大，所以要配备专门工蚁外出为其采食，并将其排出的粪便随时运出洞外。有时这庞然大物想换换口味，想吃点荤菜，蚂蚁们会毫不犹豫地把卵或幼虫叼来喂养它。蝶的幼虫要几经脱皮，最后化蛹，全部过程都由蚂蚁们来帮忙，直到羽化成虫爬出洞远走高飞，至此才算了结了蚂蚁与黑蚬蝶的共生关系（图 34）（图 35）。

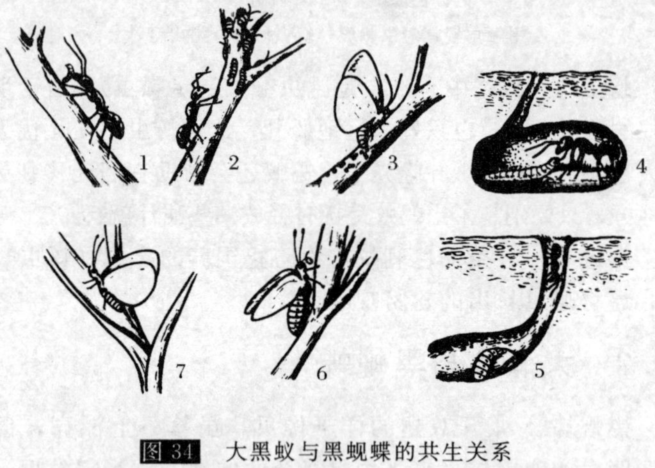

图 34 大黑蚁与黑蚬蝶的共生关系

1. 工蚁在搬运蚜虫 2. 工蚁在放牧蚜虫

3. 黑蚬蝶在蚂蚁出没处产卵 4. 蚂蚁将一条黑蚬蝶幼虫拖回洞

5. 黑蚬蝶幼虫化蛹 6. 新羽化出的黑蚬蝶 7. 成熟黑蚬蝶

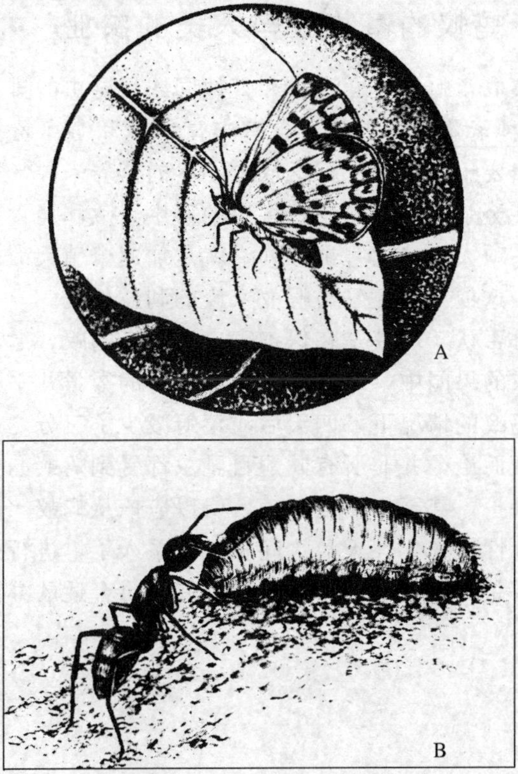

A

B

图 35 大黑蚁与黑蚬蝶

A. 在寻求配偶的黑蚬蝶

B. 大黑蚁正在舔食黑蚬蝶幼虫身上的蜜汁

从另一种角度来看，蚂蚁捉到黑蚬蝶的幼虫是把它当作一头牲口在洞中饲养的，为获蜜汁当然要付出劳动和代价。更有甚者，当洞穴遇到危险时，工蚁们不是先救自己的子孙，而是优先抢救这些蚁客。

10.3 蚂蚁的畜牧业与人类的农业

蚂蚁取食蚜虫、介壳虫和其他同翅目昆虫的排泄物“蜜露”。这种蜜露营养丰富，含有丰富的糖和游离氨基酸，蚂蚁们自然要千方百计保护这取之不尽的营养来源，毫不留情地攻击甚至杀死这些同翅目害虫的寄生天敌和捕食天敌。现代农业一项大型消灭害虫计划，就是加速繁殖天敌，做到以虫治虫，这项计划正好与蚂蚁家族的利益相反。

不可否认，蚂蚁是在保护害虫。在有蚂蚁、七星瓢虫和甜菜蚜虫的果园中，观察四天，甜菜蚜的数量几乎不变；而在没有蚂蚁的情况下，四天后甜菜蚜减少了三分之一。当然不能一概而论，并非所有同翅目昆虫都受到蚂蚁的保护。有些不受保护，甚至被蚂蚁吃掉。所以应该从蚂蚁、同翅目昆虫、捕食性和寄生性天敌之间相互关系入手，进行研究，相信作为智慧高度发达的人类最终总能找出合适的办法。

11 强掠为奴，久必臣服

纵观昆虫界，只有蚂蚁拥有军队并主动发起战争。当然这并非指所有的蚂蚁，多数种类的蚂蚁还是奉行和平、中立外交的。白蚁虽也有军队组织，但均为近卫军，主要从事防卫，决不会主动进攻。蜜蜂，一切任务均由工蜂承担，覆巢之时虽也可群起而攻之，但这只属于乱斗，称不上是战争。

发动战争的蚂蚁多是好战种族，向非好战族发起的掠夺性侵略，意在俘获奴隶，多非嗜杀成性。

蚂蚁的主要武器，就是头前那一对大颚，此外是毒刺或喷射出的毒雾。

蚂蚁间战争与人类战争有许多相似之处，亦可分出侵略战、保卫战；闪电战、伏击战、围歼战；偷袭、埋伏、进攻和退却等。也许有那么一天，我们的军事家们能从这小小昆虫的灵性中悟出点道理，总结出一些经验来供参考。

11.1 红山蚁掠夺奴隶的战争

红山蚁体长约 7.5 毫米，因头、胸及前腹部呈红色而得名，此种蚂蚁好战，在春夏季节通常向邻近的弱小蚁种发动2～3场掠夺奴隶的战争。黑山蚁则是被欺侮的主要对象。黑山蚁外形与红山蚁很相似，全身灰黑色，体长 5 毫米，这是一种勤劳而又老实的蚂蚁。

发动战争之前，红山蚁先要派出侦察兵去探听消息，熟悉环境，然后回巢复命。战争多在黎明时分发动。分成十几个小队，悄悄向黑山蚁洞口包抄过来。黑山蚁洞口的守卫发觉事态严重，一面释放出警报非洛蒙，一面急忙叼小石子垒屏障、堵洞口，但这往往已经无济于事。

红山蚁发起猛攻，突破屏障，其势如暴风骤雨、锐不可挡，守卫的黑山蚁绝望了，只好步步向洞内退却。侵略者鱼贯而入，紧追不舍。

不久，从洞口涌出大批黑山蚁，背负着蛹、幼虫，仓皇逃命，本应呈黑色的蚁群此时却是一片白色，这是背负着蛹和幼虫的缘故。

红山蚁大部队已经将四周完全包围了起来，天罗地网一般，独身尚且难以突围，何况负重。红山蚁发动战争的目的，就是要掠夺黑山蚁的蛹和幼虫，并非在于杀戮，只要无挟带，统统可以放行。所以带翅雌蚁、雄蚁及空手的工蚁便得以纷纷从包围圈里逃了出来，丝毫无损。对待仍叼着幼蚁和蛹的工蚁，却像海关人员缉私一样极为严格，强行使之将携带物统统留下，否则立毙不赦。

之后便是清查，搜寻洞中及周围草丛中隐藏的幼蚁和卵。

整个战争要持续二至三天，一则需要在两处洞口之间清理道路，二则要搬运抢到的这些黑山蚁的卵、幼虫和蛹，三要彻底清理黑山蚁的洞穴，直到使之空空如也方罢手。

战后的战场上很少见到尸体，因为战争的目的主要是为了掠夺，只要对方不抵抗决不无故杀死，仅把其驱逐出家园而已。被驱逐的黑山蚁也很少再回老巢，多移往异地谋生。被劫之巢不久就变成一片废墟，满目荒凉。

掠夺者携带着战利品——黑山蚁的卵、幼虫和蛹，浩浩荡荡得胜而归。这些俘虏——卵、幼虫和蛹在红山蚁的洞中会被精心照顾、养育，直到成虫，从此它们便以奴隶的身份在此服役。

实际上，这些被掠夺来的黑山蚁的后代，并不觉得自己是奴隶，因为它们一出世便生活在这里，很习惯这里的环境。勤劳的天性使它们在哪里都一样，都是辛勤劳动，充满奉献精神，以反哺为乐。它们行动自由，出洞后随便去哪里觅食都可以。倘若它们有良知，跑回原来家族也是可以的。

正因为如此，有些学者不同意用“奴隶”一词，而主张是养母与养子的关系。而且与人们所预想的关系相反，是失败者将胜利者作为自己的养子。所以这场战争，虽然是以黑山蚁的失败告终，但真正的胜利者却是战败者的后代，因为在进化史上他们是比较先进的家族，红山蚁抓它们来是为了帮助自己，因为红山蚁没有它们的帮助连寻找食物养活自己都困难。

这些新出世的黑山蚁，不管叫做奴隶也好，养母也罢，每天外出觅食或料理洞中家务，照顾红山蚁的卵、幼虫和蛹以及新抢夺来的黑山蚁的卵、幼虫和蛹。对黑对红，这种照顾一视同仁，图 36 是黑山蚁正在反哺喂养红山蚁。

图 36 主人（左，红山蚁）与奴隶（右，黑山蚁）在反哺

黑山蚁忠于职守，红山蚁也把它们当成自家人，当成自己生活的依靠和衣食父母，无半点歧视或虐待。

黑山蚁早把自己当成红山蚁家族的一个成员，也会自愿随队出征，帮助掠夺别的黑山蚁家族的卵、幼虫和蛹，也会为出征获胜而欢欣鼓舞。当遇到别的黑山蚁犯界，哪怕来者正好是自己家的亲姐妹（因工蚁均为雌，且系一母所生，虽蚁龄相差甚大，仍只能以姐妹论称），同样会视之如敌蚁。

纵观人间的战争，多是以大欺小，以强凌弱，先进国打落后国，败者被称为亡国奴，胜者以主人自居。当然也有例外，元朝就是以文明程度虽低，但强悍善战的民族，打败文明程度虽高但朝廷腐败无能、国弱民穷的南宋而建立的，然后又借助汉人先进的文化和生产方式使国力强盛起来。不过此过程中，充满着屠杀、奴役、压迫、剥削和歧视，这自然会激起民族矛盾和阶级矛盾，因而注定这种统治不会长久。从这种角度讲，人类还不如蚂蚁聪明。当然，这也不过是就事而论，有感而发，说说而已。

红山蚁分布极广，因地区不同，奴隶制的组织形式也不完全相同，有的是主人少奴隶多，有的则是主人多而奴隶少，有的却是一种主人拥有两种奴隶，还有的已经废除了奴隶而以一些矮小工蚁充当其职。

有人曾进行过实验，在人工巢中放入 8 种蚂蚁，即 4 种红山蚁[1]和 4 种黑山蚁[2]，这 8 种蚂蚁最后分别组合成四对相应奴隶主与奴隶的关系，各自按不同的方式生活。有的双方都很勤劳，有的反而是红山蚁勤劳而黑山蚁懒惰，有的互不相容时有纠纷。

11.2 奴隶反仆为主

有一种红山蚁从附近掠来一种叫做布拉旦几司的蚂蚁茧，以羽化出的工蚁充做自己的奴隶，谁知此奴隶出于天性，外出活动时常常跑回老家去探母。终于有一天其主人死

---

〔1〕 Rufas、Exsectus、Pressi/abris 和 Polyergus

〔2〕 Serviformica Glebarias、Rufibarbis、Cinereas 和 Formicas Pratensis

去，于是这小奴隶跑回老家将自己老母（蚁后）带来，让它代替了刚刚死去的红山蚁蚁后。结果，这一家族就由原来红山蚁的狩猎方式，一下子又变成了放牧为主的生活方式。

11.3 无奴则家亡

拥有奴隶最多的蚁种应首推红武士蚁[1]。多数红山蚁只不过是将奴隶作为一种点缀，通常6～7个主人才拥有一个奴隶，即使没有了奴隶自己也能从事各种工作，只不过做得差些而已。

红武士蚁则不同，通常一个主人要拥有6、7名仆人，因为没有了这些奴隶，它们会活活饿死。这种红武士蚁头部生长着一对巨大的镰刀型大颚，打仗时威风凛凛，所向披靡，但大颚妨碍其进食，没有奴隶蚁反哺喂食，它们甚至会守着食物活活饿死。所以打仗时它们是武士，在洞中只不过像个婴儿。

这种武士蚁不断外出掠夺奴隶，因为家族中的一切工作：喂养幼虫、照料卵和蛹、侍候蚁后、挖洞、清扫等，全要靠这些奴隶，否则就要亡国灭种。

武士蚁与奴隶的关系犹如婴儿依赖母亲，但在掠夺奴隶的战斗中红武士蚁对待成年工蚁却是残忍无比的，与红山蚁那种宽宏大度，只留幼而放走老的作法根本不同。战争是它们唯一的职业和特长，胜败是生死攸关的大问题，只能成功不能失败，只许前进不许后退。战斗一展开，它们便大开杀戒，对于叼着自己茧或幼虫逃跑的黑山蚁，它们穷追不舍，冲上去不论是头、是胸还是腹，喀嚓一声便斩断，干净利落决无半点拖泥带水。

有时杀得性起，血腥味会使其迷失本性，完全忘了战争

[1] Polyergm Retescevs

目的，狂暴发作，不管碰到什么都乱咬一气，哪管什么幼虫、蛹、树枝、草茎，就是自己战友的身体，也会毫不留情地胡咬。即使智勇双全的红山蚁军团，一旦遇上几十只如此疯狂的红武士蚁，也只好悻悻地败退。

11.4 奴隶的反抗

有压迫就有反抗，压迫愈重反抗愈烈，蚁类社会也是如此。

主人对待奴隶平等，奴隶也会以诚相待，不分彼此，不辞劳苦，甘心情愿地服务、效劳。反之则引起反抗，这种反抗可以说从对付侵略战争时便开始了，如在隐蔽处还有其他出口，遇险则从这里逃走；半途袭击侵略者，伺机将幼虫和蛹夺回来。

在巢穴中时有奴隶暴动，合击主人，叼着腿将其拖出洞扔掉。但多数暴动往往是以失败告终，尤其当主人是红武士蚁时，因其身披厚厚的铠甲，头部有巨大的颚，奴隶们没有非分举动时，它尚能容忍，一旦发现奴隶们暴动，则会暴怒，立刻将奴隶们的企图瓦解，使叛逆者身首异处。

12 军威浩荡，势不可挡

蚂蚁之中最好战的品种要属栖息在南非、圭亚那、墨西哥、巴西等地，被当地人称为“行军蚁”、“猎蚁”、“军蚁”、“访问者”的蚂蚁，它们一般无固定巢穴，过着游猎式生活。

现以行军蚁[1]为例，介绍一下这类蚂蚁的习性和特点。

这类蚂蚁均为肉食性，这习性决定了其生活方式就是大量虐杀和掠夺。常常数百万只蚂蚁聚在一起，很快就将所过之处扫荡得干干净净，之后便又继续流动。它们不可能有固定巢穴，只能暂住在大树下、巨石旁，草草收拾一下作为大本营。这颇似古代的远征，一路打仗，获胜后就拔营起寨继续前进。

对于行军蚁的前进，几乎没有任何动物可以阻挡，所到之处势如破竹，如暴风骤雨，除非遇山火、龙卷风，否则不可能阻止其前进。

12.1 攻击阵势

古人中，诸葛亮极善用兵，为后人留下许多战例；孙子精通兵法是有名的军事家。行军蚁却是无师自通，依敌情、依地形、依猎取食物的客观需要，自然形成了其特有的阵法。主要有两种：多纵队攻击和大兵团攻击（图 37）。

〔1〕 Ecitini

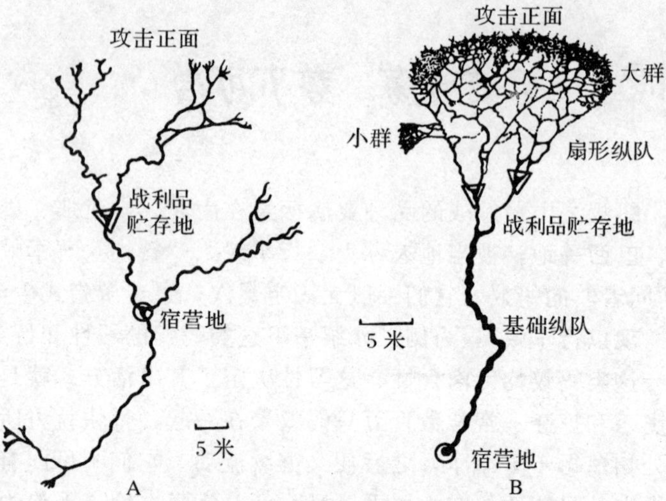

图 37　两种行军蚁的攻击阵势

A．多纵队攻击　B．大兵团攻击

从宿营地出发，出发之前先向四方派出探蚁，了解猎物情况，地形、地势，然后依形势确定行军路线与阵法。在平原或密林多采取大兵团群体式进攻，如潮水般铺天盖地而来。进攻时以兵蚁为先锋，兼侧翼护卫，事先不发出任何警告，突然就发动攻击，以巨颚为武器大肆杀戮和掠夺。攻击的主要目标是各种昆虫，对于单独行动的昆虫来说，就像无任何防备的牛、羊突然遭受数十万只豺狼袭击一般，决无生还的可能。

行军蚁所到之处，如野火的火舌在枯草地上蔓延，不时会传来鸟雀惊飞的哀鸣，逃脱不及或身上已经爬满蚂蚁者，即使已经起飞，也很快会从空中掉下来，因为毒液会使它们麻痹。不要说飞禽，就是猛兽或人，不赶紧逃离也难以活命。在大洋洲有一个岛国叫汤加，有一次行军蚁涌进豹栏内，一夜之间就使这头猛兽成了一付骨头架子。当地土人过去曾有用行军蚁处决罪人的记载，把犯人的手足用绳索绑住，扔进蚁群，很快这些人就变成了解剖陈列室中那样的骨骼标本，干干净净一点肉丝都不剩。

居民们一旦发现这种行军蚁，也只好全家牵着牲口，带着家禽先行撤走。如遇不能移动的病人，唯一解救的办法是将他们放到一张床上，四条床腿放到四个大盆里，盆内盛满醋，还要注意屋顶是否牢固，是否会被蚂蚁咬坏。不如此就很难逃命。有人躲进木柜、树上、水缸里，结果无一幸免，因为这些都阻挡不住蚂蚁的进攻。行军蚁边吃还边释放非洛蒙，召集同伙向这里集中。兵蚁们张开巨大的颚，一口下去就是一块肉，咬下的碎肉自有担任运输任务的蚂蚁运回宿营地。

兵蚁的大颚有多锋利呢？当地居民捉来这种蚂蚁养起来，遇有外伤就用它们来缝合。将伤口的皮肤或肌腱对齐，让蚂蚁咬下去，两个大颚就如外科用的缝皮针，一下就能对合，此时立刻用剪刀将蚂蚁的胸腰处剪断，大颚就像锔子一样停留在皮肤上。一定要掌握好时机，否则一口咬下去一块肉就下来了，非但不能缝合反而又添新伤。

行军蚁经过的田野和村庄就像扫除过一样，可以说没有留下一样活物，不论益虫还是害虫，家禽、家畜还是野鸟走兽。真是避之者存，遇之者亡。

12.2 野营迁移与生殖周期

行军蚁虽然以不断迁移营地为特点，但其动态是与蚁后的生殖周期相适应的。

蚁后的卵巢是周期性发育的，腹部迅速膨大，几天之内就可产出一、二十万枚卵。这些卵三周后就可孵化，此时处于相对静止阶段，因为蚁后巨大身躯行动十分不便，所以相对安定，最多仅做短途迁移。一批卵产出，刚好上一批卵已羽化成虫。这些新的工蚁或兵蚁便四处觅食。向四方派出纵队，以兵蚁为先导及护卫，猎获之后由中小型工蚁向营地搬运。

行军蚁宿营之时是很壮观的，数十万只工蚁勾联成链，缠绕成球，球心则是卵、幼虫和茧。这样一则安全，二则可保持热量。

行进之时，因幼虫惧怕阳光，此时高个儿蚂蚁便头顶头，搭成一条蚂蚁长廊，让幼虫们在其阴影下通过。

13 好逸恶劳，寄生有道

人类社会有寄生阶层，鸟类之中如斑鸠，常将卵产于莺的巢内，幼鸟孵出后常将宿主的幼雏推出摔死，自己独享母鸟的钟爱，长大后却远走高飞毫无感恩之情。

蚂蚁中亦有如此阶层，按威尔逊 1957 年的分类，社会性寄生可有下述 5 类。

(1) 营养寄生，即一种蚂蚁从另一种蚂蚁处盗取食物，并以此为生。

(2) 巢内营养寄生，与上述营养寄生相似，只是为宿主所容，生活在同一洞穴中。

(3) 一时性寄生，即在生活史中，有一段时间过寄生生活，之后又能自食其力。

(4) 奴隶制，抢来其他蚂蚁家族的幼虫或蛹，待它们长大后替自己家族劳动（见前“强掠为奴，久必臣服”）。

(5) 永久寄生，整个生活过程都在别种蚂蚁巢中渡过。

寄生蚁的种类不下 2000 种，单罗列其名也要几页的篇幅，其实，除了蚂蚁分类学家外，谁也不用这些名字，更不可能记住它们。为此我们仅举几个特殊例子，作为趣事，以飨读者。

13.1 屠夫蚁与黑山蚁

屠夫蚁[1]其实长得很小，近于盲目，整天躲在宿主的洞中。宿主多是些较大型蚂蚁，如黑山蚁。这种屠夫蚁避开黑山

〔1〕 Solenopsis Fugax

蚁的触觉和视觉，悄悄在黑山蚁洞壁上挖出自己细小的回廊。

每当屠夫蚁肚子饿了，就从自己的回廊口下来，快速盗取黑山蚁的卵，卵是很小的，易于叼回洞（幼虫和蛹则较大，难于叼回），叼回后就毫不客气地吃起来。

受害的黑山蚁一方，工蚁们每天忙于自己工作，蚁后忙于吃饱肚子和产卵，谁都没有注意到家里进了强盗，而且专门盗吃蚁卵，因此什么防范措施都没有。况且也很不容易发现，因为洞中这条回廊很窄，黑山蚁根本进不去。

更令人吃惊的是，当黑山蚁的巢穴受到侵略时（如红山蚁来抢奴隶），此时进行顽强抵抗的竟是这种小小的屠夫蚁。别看平时它虐杀宿主的卵，此时却要营救宿主了，下去狠狠地咬入侵者，以此来保护宿主——黑山蚁。

13.2 切首蚁与尼盖里木恩蚁

切首蚁与尼盖里木恩蚁[1]（以下简称尼蚁）体臭相同，难以区别，前者结婚飞行归来，就凭气味相同这一特点侵入后者的巢内，以此为家悠闲地生活起来。

切首蚁身躯比宿主还要小，但它信心十足，俨然以蚁后自居，堂而皇之地进入产卵室，它先捉住一位蚁后，用自己锯子一样的大颚将其头锯下来。其他的几位蚁后（尼蚁为多蚁后制）一见，吓得赶紧带领部分臣民仓皇逃走，将好端端一个家园白白交给了切首蚁。

剩下的工蚁们，对这位曾赶走或杀死它们蚁后的切首蚁，非但不恨反而忠实地供其驱使，欢迎它成为本家族的新主人。这位新主人吃饱喝足，就在这个霸占来的新家内产卵，工蚁帮助哺育后代。渐渐地此处就变成了切首蚁的家园。

作为受害的整个家族，对入侵者不能作出判断，像这样

〔1〕 Bothiriomyrmex Decapitans 和 Nigerrimun

一只貌不惊人、艺不出众的雌蚁，居然能使一个蚂蚁家族灭亡，这在人类社会都属罕见。究竟靠什么魔力使异族工蚁臣服？这只有靠昆虫学家们去探秘了。

13.3 阿艾鲁咖台斯与皱蚁

阿艾鲁咖台斯[1]是一种蚁名，为了叫起来省事，不妨也让我们暂时称之为阿蚁。阿蚁的一生虽不像切首蚁那样富有戏剧性，但在昆虫史上还是颇为有名的。

阿蚁的蚁后生产不出工蚁，生下的后代均是生殖雄蚁和雌蚁，生活完全要靠宿主的工蚁，如皱蚁的工蚁。

阿蚁恋爱、受精结束，趁着尚能活动之时，就赶快寻找并钻进皱蚁的洞穴。像着了魔法一样，皱蚁合家都欢迎这位不速之客。也许阿蚁是通过释放出特殊的非洛蒙，如迷魂药一样使工蚁们甘心为其效力，采集食物并尽心侍候。

阿蚁的卵巢异常发达，很快就像气吹一样膨胀起来，大到难以独立活动，无工蚁照顾它会很快饿死。不久，阿蚁开始产卵并孵化为幼虫，皱蚁的工蚁对自家幼虫可以漠不关心，但却不会慢待阿蚁的后代。更有甚者工蚁们宁可亏待自家蚁后，却偏爱这一外来蚁。这其中的奥秘至今尚未揭示，是魅力、美艳、魔法还是威势，居然使得工蚁们行为如此错乱。其中原因，等待着昆虫学家去揭示。

阿蚁的后代，成熟后就会飞出去结婚旅行，重演自己母亲的经历。

13.4 苔来乌多密鲁迈克斯与褐皱蚁

这种关系与上述阿蚁与皱蚁的关系很相似。为了省事，

---

〔1〕 Anergates Atratulus

我们将苔来乌多密鲁迈克斯[1]简称为苔蚁。

苔蚁身形较小，甚至比宿主的工蚁还要小，如图 38，其中巨大蚂蚁为褐皱蚁的蚁后，身旁为工蚁，蚁后背上则是寄生的苔蚁。

图 38 强力附着在蚁后身上的寄生蚁，借工蚁反哺时取食

苔蚁侵入褐皱蚁洞中，牢牢伏在蚁后的背上，做起太上皇来，工蚁前来喂自己的蚁后，需同时孝敬这位太上皇（如图 38)。苔蚁还会释放出一种非洛蒙，使褐皱蚁的蚁后只能生育工蚁，不能生育有生殖能力的雌、雄蚁。而苔蚁自己却只生育生殖蚁。当这些生殖蚁成熟后羽化成虫，这些成虫在巢内交尾，之后雄蚁很快死掉，而雌蚁则奔向其他的褐皱蚁洞穴。

从图 38 几种蚂蚁的比例看，苔蚁完全靠一种化学物质来控制褐皱蚁的整个家族，比阿蚁尤胜一筹的是，不但能迷惑工蚁，而且能左右蚁后，使蚁后成了它的坐骑，且毫无怨言，你说奇怪不奇怪！

〔1〕 Teleutomgrmex Schneideri

14 欲穷其妙，请好此道

儿童时代总是充满好奇，是富于幻想的年代；花甲之年，又是返朴归真返老还童之际。一老一少最谈得来，讲讲故事做做游戏，养鸟种花，捉虫钓鱼，这不但为孩子的童年增添了欢乐，也可使老年人享受到天伦之乐。

假如你愿意，让我们来做项科学实验，不但增长知识，而且满有情趣。就是通过你的观察、你的记录、你的实验，可以了解蚂蚁的生活和揭示其奥秘。

为了便于观察，请你准备这样一些实验用具：硬皮笔记本（用来进行记录）、圆珠笔、绘图铅笔、橡皮、尺子、红墨水、胶水、广口瓶、小铁铲子，当然最好再有一把放大镜。

观察对象就是大黑蚂蚁，这在野地里、河边、树林、山坡上，到处都能找到。全身墨黑，大的工蚁能有一厘米长。我们就以大黑蚁为实验材料。

14.1 工蚁的身体

蚂蚁属节肢动物，身体分头、胸、腹三部分，有六条腿。胸、腹和腿都是分节的。

先来看看头部，头部有一对复眼，头正中常有单眼。眼前方正中有一对呈膝状的触角，数数触角的前半，即像竹节样的部分，一共是多少节。相当于嘴的地方是一对大颚，这是蚂蚁的主要武器和工具。

胸部共有多少节？看看共有几条腿？腿生长在哪节上？每条腿分多少节？

胸与腹之间叫腹柄节，看看腹柄节上有没有突起，突起上面有没有刺或齿状物。

最后量一量从头到尾有多少毫米。最好连着抓 10 只大黑蚁，测量并计算出这 10 只的平均身长。

为了让你了解大黑蚁的消化系统，附上一张图供你参考（图 39）。

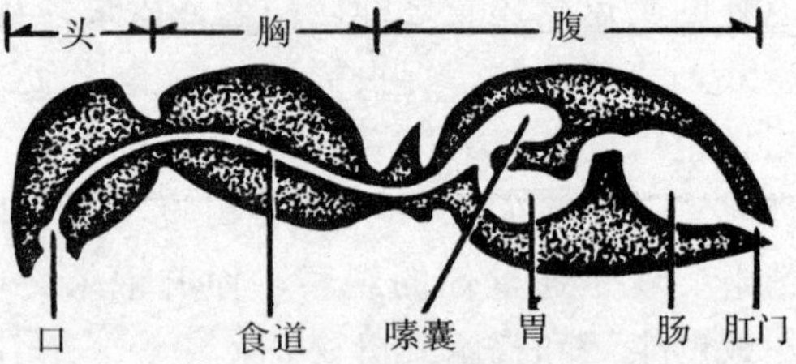

图 39 大黑蚁消化系统示意图

通过这项观察实验，你能学习到什么呢？知道了蚂蚁是昆虫，属于昆虫中的节肢动物，而且还知道了节肢动物有几条腿，蚂蚁长得什么样，同时看清了蚂蚁头部长着复眼、单眼、触角和大颚。

14.2 野外观察

首先记录一下，大黑蚁多在什么地方生活，可划分为平地、草丛、石堆、路旁、河堤、树下、庭院等。将来当你有兴趣研究其他种类的蚂蚁时，就会感觉到记录这些是很有用的，可以进行比较，可以进行区别，可以确定人工饲养条件等。

追踪一只大黑蚁直到它的洞口，看看洞口是什么样的，叼出的土堆成什么形状，最好把这些画下来。从春天到秋天，蚂蚁不停地挖洞，因此洞口很容易找到。再找找周围还有什么样的蚂蚁，大小、身体颜色与大黑蚁有什么区别。通过比较可以加深你对大黑蚁的印象。

其次就该观察大黑蚁吃什么食物了。

你可以将几张塑料薄膜分头放在大黑蚁巢穴的周围，每张薄膜上放一种食物，蜂蜜、面包屑、大米碎粒、死蚱蜢或蚂蚱（蝗虫），记录大黑蚁吃哪一种食物以及向洞内拖运的情况。

找一处有腻虫（蚜虫）的花、草或庄稼，看有无大黑蚁在那里活动。如果有，用放大镜看看，它是正在吃这些蚜虫还是在用触角碰这些蚜虫，蚜虫尾部是不是分泌出液体来。

通过这一系列观察，你会发现大黑蚁的食物品种主要有昆虫、花蜜和蚜虫分泌的蜜汁。

之后就该观察当大黑蚁发现食物后，如何邀集同伴前来共同搬运的过程了。逮一只蚱蜢，切成3段，3段的大小按1∶2∶4的比例。不久会有一只大黑蚁发现了食物，过来拖，如果拖不动，它会很快回洞去报信，记录从回洞到带领同伴前来共需要多少时间。再记录到达每段蚱蜢处的大黑蚁只数。如果你能作5次同样实验，就可把上面数字进行平均，这样就可以得到：从回洞到带领同伴回来平均花了多少时间，分配到大、中、小三块蚱蜢处的平均蚁数。你能为蚂蚁按照劳动强度分配蚁数的计算本领感到惊奇。

接下来应该记录搬运食物的情况，计算多长时间可以把昆虫死体分割、搬运完毕。

让我们再来观察一下大黑蚁之间进行反哺的情况。一只大黑蚁吸饱蜜汁，沿途如果遇到同伴，它们会用触角碰来碰去，这好像是在说话："你到哪里去了?""我找到了蜜。""给我尝尝?""好吧。"于是刚吸食过蜜的一只蚂蚁从嘴里吐出一滴液体，另一只则舐食起来。

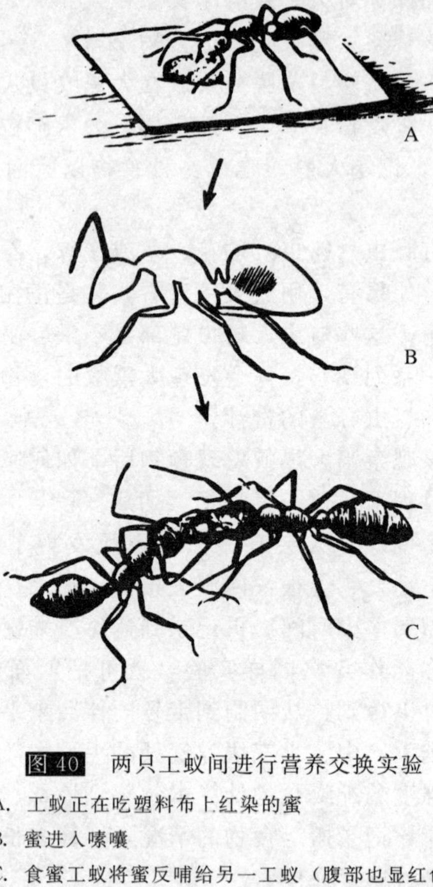

图 40　两只工蚁间进行营养交换实验

A. 工蚁正在吃塑料布上红染的蜜

B. 蜜进入嗉囊

C. 食蜜工蚁将蜜反哺给另一工蚁（腹部也显红色）

为了看得更清楚，把蜜汁与红墨水混合起来，这样就可知道每次能吐出多少，以及这只蚂蚁回洞后能有多少只蚂蚁接受过这种反哺。图 40 是这种反哺的实验过程。

14.3　观察受精雌蚁产卵及幼虫生长过程

要观察大黑蚁的雌蚁如何创立起一个家族，这在野外就不易做到了。最好自己做一个人工蚁巢，如果图省事，就用一个广口瓶，想正规点就做一个玻璃箱，箱两侧用木板，这可起一定保护作用。

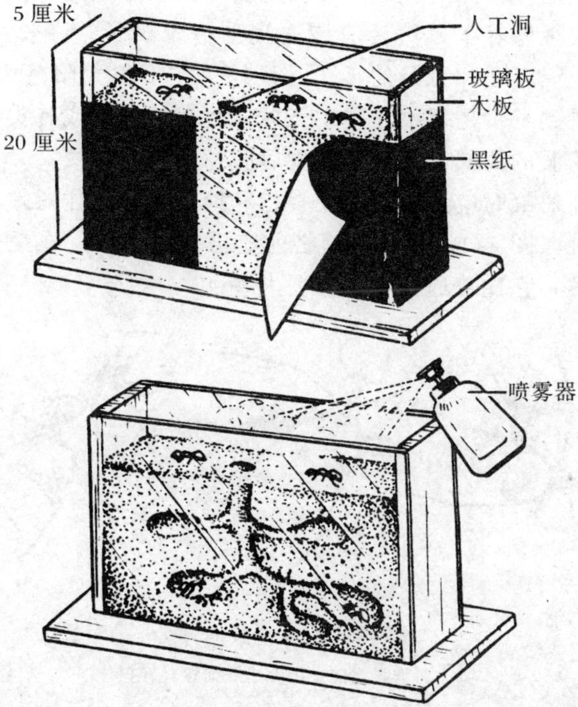

图 41　人工蚁箱

在蚂蚁挖洞时要挡上黑纸，在观察时，可以去掉黑纸

图 41 是做好的蚁箱，长 30 厘米、高 20 厘米、宽 5 厘米。箱有盖，防止蚂蚁逃走，但盖子必须能透空气。如果蚂蚁多了，防止跑丢，可在箱子底座的周围加一圈水槽，这样蚂蚁就不会跑了。

箱子做好后，就该填土了。土最好用河边的沙土，另外再搜集蚂蚁洞口周围的土，将两种土加以混合，填充到蚁箱中，土的高度有15厘米就够了。土要压实，用喷雾器喷点水，但不能太多，只湿润表面即可。最后用一根细竹棍，贴壁戳一几厘米深的直洞，目的是引导蚂蚁能顺此作巢。

蚁巢做好了，然后应该去找受精雌蚁了。一般在5、6月份，天气暖和无风的日子，最好是在下午太阳落山之前，当你看到有带翅蚂蚁在空中飞舞，就在树底下或砖头下寻找正在挖洞的蚂蚁，这就是交配后脱掉翅膀的雌蚁。

抓蚂蚁时应该小心，用食指和拇指轻轻捏住蚂蚁的胸腹交界处（图42）。放入蚁箱之前应再核实一下，看是否是生殖雌蚁，它比普通工蚁个儿要大些。

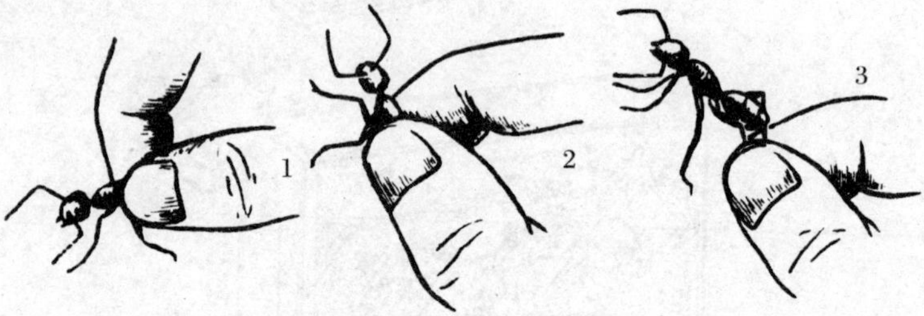

图42　捉拿蚂蚁的方法

1. 在胸腹之前，用食指和拇指轻轻捏住
2. 轻轻地将蚂蚁捏起
3. 为观察腹柄节，可以捏后腿

雌蚁放入蚁箱后，很快就顺着直洞继续挖，挖到一定深度，就开始向横的方向挖，并逐渐拓宽，这里就是产卵室。一定要注意用黑纸挡光，否则蚂蚁不会挖洞。

挖好洞后，雌蚁开始产卵，卵极小不用放大镜几乎看不清楚。一般有6～7枚卵，经过两周左右就能孵化出幼虫。

幼虫有点像蛆，它们是靠雌蚁吐出营养液来喂养。在这一阶段雌蚁并不外出寻食，注意定时喷点水，保持一定湿度。雌蚁一天天消瘦，它是把自己胸部肌肉消化掉，化为营养液反哺给这些幼虫。

幼虫一天天长大起来，每 6 天左右蜕一次皮，25 天内要经过 4 次蜕皮，到 5 龄幼虫时，从口里吐出丝变成茧，茧中的幼虫变成蛹，蛹再过 15 天左右，成虫便破茧钻出来，这就是第一批工蚁。从卵到成虫大约历时两个月。

第一批工蚁一出世，就急忙爬出洞来找食物，这时你可在蚁箱中放几只死昆虫，或一点蜂蜜。工蚁们将食物叼回去，反哺给蚁后。

几个月之后，家族越来越大，洞也分成几支，工蚁亦可分出大、中、小。

利用人工饲养蚂蚁，你可以观察到许许多多的现象，如食物与蚂蚁发育的关系；蚂蚁何时可以生育带翅的雌、雄蚁；蚂蚁对同翅目昆虫如蚜虫的保护作用；一种蚂蚁与其他种蚂蚁之间的关系……

照此办理，一种一种蚂蚁进行研究，你可以掌握它们的习性、生活史、分布情况等。相信用不了几年的时间，你就可以成为一名业余的蚂蚁专家了。

15 千秋功过，谁与评说

有句俗语："林子大了什么鸟都有。"的确如此，有些鸟样子漂亮，叫声悦耳；有的鸟外形丑陋，噪声可厌；有些鸟于人有益；有些鸟对人有害。所以不能说"鸟是好是坏"，要进行具体分析。

就是狮子或老虎，你说是好还是坏，也要进行具体分析。狮虎伤人吃家畜，受害者莫不视之如死敌，恨不能将其斩尽杀绝。但从另一角度看，狮虎是以食草动物为食，而且主要是些老弱病残动物，这样一则防止食草动物过多繁殖使植物生长出现危机，可防止森林、草原荒漠化；二则可随时清理掉劣等个体，防止物种退化，防止疾病流行。由此可见，狮虎在维持生态平衡方面发挥着独特作用，充当着重要角色。

正是因为认识到这一点，所以世界性的动物保护组织正在积极活动，阻止人们的滥捕乱杀，对濒临灭绝的动物千方百计创造生存的环境。人类要在地球上生存下去，就要让地球上现存的动物、植物都能生活得好，不要因自己一时的糊涂、疏忽，而酿成千秋大罪。

说了这么多，发了一通感慨，本意是想说：蚂蚁有2万多种，习性各异，有的于人有利，有的对人有害，也要进行具体分析。要像对待鸟兽那样来对待它们，利用其益处为人类造福，避其害以保护人类利益。进化了一亿多年，具有严密社会组织的蚂蚁，带给了人类多少启示、知识和乐趣，为人类的生存发展做过多少贡献。随着科学技术的进步，人类将能从它们身上发掘出更多的财富。

15.1 蚂蚁用于医疗

历史上，许多国家都曾用蚂蚁治过病，这在今天医疗已进入分子生物、基因治疗的时代，说蚂蚁可治病，似乎不可思议，但在古代和一个世纪以前，那种缺医少药的年代，这却是事实。

南美洲的印第安人及印度古时的人曾用蚂蚁缝合伤口，如遇肠穿孔就用黑蚁来进行缝合，犹太人曾用蚂蚁治疗尿道漏。治疗时，首先进行清创，然后左手将创缘对齐，右手用镊子夹住蚂蚁，使大颚咬在创缘上，咬合后用剪刀在胸腹之间切断，照此办理，一个伤口用几只蚂蚁就可以完全缝合。4、5 天后就可去除蚂蚁的头部，这时伤口已完全愈合。

土尔其人使用长蚁〔1〕，非洲人使用军蚁〔2〕，南非人使用切叶蚁〔3〕进行这种伤口缝合。19 世纪在阿尔及利亚，军医福尔成功地进行过肠缝合术，效果很满意。当然这种缝合不限于肠和尿道，各种外伤均可应用。

至今在印度等地，一些非正式医生仍在应用这种蚂蚁缝合术，方法虽原始点，但总比他们笨手笨脚低劣的线缝合要好一些。

南非的土著人，为了解除疲劳曾发明过各种办法，其中有一种叫做“乱刺法”，他们用麻线编成网带，网眼中夹进蚂蚁，蚁头集中在带的一面。编好后将这种带蚁的网带围在身体特定部位，让蚂蚁来咬，这样可起到“乱刺”作用，这有点像我们中医使用的梅花针疗法，据说这样很快就可以消除身心的紧张，恢复元气。

---

〔1〕 Messor barbarus

〔2〕 Anomma Sp

〔3〕 Atta cephalotes

居住在巴西北部的印第安人，用一种切叶蚁[1]咬身体特定部位治疗癫痫病，而且很有效。

很早人们就懂得，用蜜蜂螫刺患部，可以治疗风湿病，这在我国至今仍在使用，160 多年前，南非的土著人曾使用一种螫人蚁[2]，螫患部来治疗风湿，据说疗效优于蜜蜂疗法。

在温暖的日子，用一块布盖在红山蚁的蚁冢上，这些蚂蚁感到危险来临，纷纷放出毒液，让过度疲劳或昏迷的人直接吸入布上的这种气味，可很快恢复疲劳或清醒过来。将这种浸有毒液的布敷在风湿性关节炎患部，也有一定效果。

将红山蚁与酒精一起蒸馏，蒸馏液涂到风湿性关节炎的患部、脱臼或扭伤处，可起到消肿止疼效果。此外这种蚁酒液还具有神经兴奋、消除疲劳的作用，为士兵们的一种常备药液。

19 世纪时，德国人将红山蚁蛹榨油与蚯蚓酒精提取液混合，用来治疗麻痹。

非洲人将一种翘尾蚁[3]研碎，涂在风湿性关节炎的患部进行治疗。

马来人曾用一种蚂蚁[4]治疗疥癣，还有人以蚂蚁蛹为主要原料制成脱毛剂。

蚂蚁浴也是经常使用的一种治疗方法，用纱布包上红山蚁放到浴池内，可起到舒筋活络、消肿止痛效果。秘鲁人将姬蚁[5]放入浴池，这种蚁可以放出一种酸臭气味，这对于肠胀气很有效。

---

〔1〕 Tocandira

〔2〕 Paraponera clavata

〔3〕 Crematogaster Spp

〔4〕 Sima rufonigra

〔5〕 Monomorium omnivorum

巴西北部的印第安人，用切叶蚁制成的饮料来治疗癫痫病。

马来地区的华人用开水浸泡切叶蚁巢，浸出液可以代替蝎子用来治病，具有镇惊熄风之效。

巴西的印第安人把一种蚂蚁[1]研碎，加水饮用，作为堕胎剂。

1544 年巴格达一家医院的院长，曾用芝麻油、蚂蚁等制成一种软膏，在阳光下晒化，擦到阴囊和阴茎上，用于治疗阳痿。

由上述诸多事例可以看出，在人类社会发展的某一阶段，因经济、文化水平所限，各个国家、各个民族都曾使用蚂蚁进行治病，这是因为人们都发现了蚂蚁的三大特点：咬、螯、释放毒液（其中主要成分为蚁酸）。

回顾蚂蚁在医疗史上的地位，目的是应用现代科学对其进行归纳、研究，从中发掘出有用的东西，使之为现代医疗保健事业服务，充分利用地球上这一丰富的动物资源。

15.2 蚂蚁做饲料

挖开蚁巢，可见许多的成蚁、幼虫、蛹及茧，特别是红山蚁巢，其茧的数量极大。

德国和北欧的一些国家，很早就用蚁蛹和茧来喂鸡。据说使用这种饲料可以刺激雏鸡发育，促使母鸡多下蛋。

1740 年的普鲁士王朝，是当时最为强盛的国家，国王的宠物是柏林动物园中的野鸡，为使雏鸡更快发育，采用红山蚁蛹进行喂养，于是蚁商们便打出“御用”的牌子四处收购，总数收购了多少虽未见统计数字，但据说林区有一个很小的村庄，只有十几户人家，每年上交 10 亿枚蛹，约 7 千

〔1〕 Tocandira

升。加工如此庞大数量的蚂蚁，需要特大烘炉来进行干燥。

大家知道，红山蚁是森林卫士，能消灭大量害虫，由于人们纷纷采集，造成的森林破坏是不可估量的。正因为如此，政府在1879年定出了一条法律，禁止人们进森林挖蚁蛹。当时的首相，是人称“铁腕首相”的俾斯麦，此人为德国的统一、帝国主义的发展起了至关重要的作用。据说，当时的法令极为严历，有违犯者，罚金100马克，拘留4周，因此很快将挖蚁之风给治住了。

15.3 蚂蚁驱除害虫

战争多伴有疾病的流行，因此有人戏称“战役即是战疫”。疾病的传播媒介主要是跳蚤、虱子、臭虫和蚊子，这些都是些吸血的害虫，在吸血的同时就将病原体传播给了健康人，而使用蚂蚁可以驱除这些害虫。

俄罗斯士兵在战斗间隙用蚂蚁除虱，那时候还没有发明敌敌畏，因此用蚂蚁治虱可谓是一种创新。

兵士们在森林中，脱去衣服光着身子晒太阳，将衬衣衬裤盖在蚁冢上，这是红山蚁的巢，是用草、松针、泥土堆成的。蚁巢被堵，激起了红山蚁的极大愤怒，纷纷爬出来进行反击，它们沿着衣缝爬来爬去寻找对手，发现衣缝中的虱子及虮子（虱子的卵），毫不留情地进行攻击，咬死并把它们拖运回洞去作为食物，很快虱子、虮子被一扫而光。有了这一招儿，就不怕回归热、堑壕热等流行病了。

臭虫是居民家中最令人头痛的一种害虫，土炕的砖缝、坯缝，床板缝中，密密麻麻，大大小小的臭虫挤在一起。这东西非常皮实，数月不吃不喝也饿不死、渴不坏，饿得只剩下两层皮照样活着，得机会吸一次血可把整个身体撑得圆鼓鼓的。这种害虫消灭起来很难，用药喷、开水烫，暂时管用，过不了多久就又繁殖起来。

印度人用一种红蚁[1]来驱除臭虫，先把这种红蚁引入罐中，使之以罐为巢，然后放到臭虫出没之处，在白天蚂蚁爬出来到处寻找并攻击这些臭虫，把它们杀死拖运回洞，很快臭虫被消灭干净，效果远胜过其他办法。

但使用蚂蚁消灭臭虫时也要注意，红蚁咬人很痛，睡觉时最好用棉球把耳朵堵上，不然钻入外耳道还是很危险的。

蚂蚁还可以消灭农业、林业的害虫，在前苏联的爱沙尼亚原始森林，生活着一种红黄蚁，它们在森林之中筑起了规模宏大的“蚂蚁城”一个家族占地2平方公里，蚂蚁只数超百万。这些蚂蚁以树木害虫为食，有学者进行过统计，一条蚁道上一小时之内就运过了2000多条害虫。难怪蚁巢附近的树木长得枝繁叶茂，郁郁葱葱。

我国福建、台湾的蔗农很早就知道用蚂蚁治蝗虫和螟虫。蔗农们放养蚂蚁的方法很有独创性，用长20厘米、直径2厘米左右的竹子，一头保留竹节，另一头削尖，中间若有竹节也要打通，距离节顶端2厘米左右用锯锯一狭缝，并钻孔通节内。

4月至7月这段时间，正好是雨季，把这些竹棍斜插在菜地等有大皱蚁出没之处，4～5天后检查，可以看到很多竹节内已经住上了蚂蚁。

把有蚂蚁的竹棍的切口用粘土堵上，下端出口已被泥土堵死，将竹棍移至蔗园。按害虫多少适当调节密度，一般一畦插一根。蚂蚁以竹节为巢进行繁殖，以蔗园的螟虫、蝗虫等为食。一处消灭得差不多了就可以移到另一块地里去，移动应在蚂蚁全归巢后进行。每根有蚁竹棍可使用两年。

用大皱蚁治虫，主要适用于水田，因为水田蚂蚁少，易显效；而原来蚂蚁数已经不少的旱田则不宜使用，特别是在

[1] Solenopsis geminata rufa

旱季，虫少蚁多会导致蚂蚁咬食蔗苗。

广东番禺地区的果农，很早就知道用纺织蚁来防治柑橘的害虫。这种蚁为黄色，当地人叫它大黄蚁，在番禺地区可以过冬。当1～2月份气温降低时这种蚂蚁就躲进巢内不再出来了，此时可从树上采下蚁巢，取下后要留意一下蚁的动静，如果发现蚂蚁太饥饿了最好先喂点食物。

用蚂蚁治虫据说是从古书记载中受到启示的，有经验的果农尽管发现了蜜柑生长不良，如果一旦发现有蚂蚁在这棵树上做窝，便断定第二年肯定可以收获到皮薄、个儿大、味美的蜜柑。仔细观察还能发现，如果有蚁巢存在，害虫会明显减少。于是有人将装有猪油、羊油的铁罐放到蚁巢附近，很快就有蚂蚁进到这种盛满油脂的容器中，将其运到柑橘园，结果收到了可喜的效果。

并不是各种蚂蚁都能保护柑橘，如黑蚁就是以金橘为食，为此当地人购买大黄蚁（纺织蚁），让其在树上作窝，以防止黑蚁的危害。

至今已有千余年了，当地人代代相传，搜集大黄蚁，防止黑蚁及其他害虫侵害柑橘，确保丰收。

15.4 蚂蚁与病菌

蚂蚁的消化系统具有很强的杀菌能力，有人用菲律宾的一种姬蚁[1]做实验，让它们吃含霍乱菌的食物，9小时后将蚂蚁研碎，在显微镜下观察，未见有活菌存在。另一种大蚁[2]食进斑疹伤寒菌后，从其排出的粪便中再也找不到活的细菌，可见蚂蚁消化道中的消化液及蚁酸具有杀菌作用。

蚂蚁的一生是很少生病的，澳大利亚的科学家们曾对此

---

〔1〕 Monomorium latinode

〔2〕 Camponotus Landolti zonatus

进行过深入研究。蚂蚁的生活环境可以说是很脏的，吃的食物多是昆虫或动物尸体，为什么很少生病呢？养蜂的人都知道，蜜蜂是经常得病的，有时会整窝死掉（如臭巢病），但这在蚂蚁却很少见。原来，蚂蚁除了蚁酸外，胸部还能分泌出某种具有抗菌作用的液体。通过细菌培养，发现这种液体能抑制或杀死多种细菌和霉菌。在这种“天然抗生素”的保护下，蚂蚁当然安然无恙了。

但蚂蚁可以传播疾病，用沾染有斑疹伤寒的蚂蚁喂养小白鼠，小白鼠很快因感染而死。某个研究室的工作人员在进行上述实验时，没有注意到蚂蚁身上沾染的斑疹伤寒，被蚂蚁咬了，结果也得了病。

在热带地区，蚂蚁也经常光顾病房，吃结核病人的痰，之后又在病人的食品上爬来爬去，随时将嗉囊中的细菌吐出来，这自然会传播结核病。

15.5 蚂蚁侵入房舍

夏天，赤膊躺在床上有时会遭蚁咬。有的蚂蚁，如山蚁和大蚁，不但咬人同时还从腹端射出毒液，伤口加上毒液往往疼痛难忍。

蚂蚁还可咬死病儿，某医院儿科病房是一栋老房子，有一种小家蚁，时常咬伤病儿，有一次护理人员未注意，几百只蚂蚁进攻一新生儿，等发现时，病儿的眼球已被咬烂，鼓膜穿孔，全身多处伤口，抢救无效死亡，结局自然是免不了一场官司和高额赔偿，直到此时，院方才知道问题的严重性，进行了彻底消毒杀灭蚂蚁。

蚂蚁侵入房屋第一是为了寻找食物，第二是为了在室内作巢。有些蚂蚁的生活习惯类似白蚁，喜啃咬陈旧的栋梁、家具、板壁作窝。

北方天冷，而室内却很暖和，蚂蚁将家搬至室内，可以安全过冬。病房、面包房、厨房等是蚂蚁最喜欢去的地方，有住有吃，是难得的栖身之所。

养鸡场也是蚂蚁经常出没的地方。蚂蚁可以将雏鸡的眼睛咬瞎，严重时将小鸡咬死。在死鸡身上，可以看到黑压压的数不清的一群蚂蚁在争抢着啃食尸体。

其他家畜也是蚂蚁攻击的对象，特别是小猪深受其害，一家养猪场，每年约有400头小猪死于蚁灾。

蚂蚁对于鸡的危害还不仅仅是咬伤鸡的眼结膜、鼻粘膜，最后将鸡杀死，还在于鸡的某些寄生虫是以蚂蚁作为中间宿主的，如四角绦虫和棘沟绦虫。绦虫卵附着在食物上，蚂蚁将食物搬运回巢，在喂养幼虫时，绦虫卵就进入幼虫体内孵化，最后变成囊虫长期存在于蚂蚁身上。有人调查过，某种蚂蚁〔1〕平均含囊虫率为2.1%，鸡吃了这种蚂蚁就会感染上绦虫。

15.6 蚂蚁与电信

早期的电线杆多用圆木，而一些大蚂蚁喜欢在木材上穿孔营巢，被蛀空的电线杆一遇大风很容易被刮断。

电线多用胶皮、布之类作为绝缘材料，蚂蚁也喜欢咬这种外皮，使电线裸露，有时还会在一些电器开关内营巢，因而会造成短路。蚂蚁还可危害电话机，造成故障。美国德克萨斯州曾作过一项调查，446件电话故障中，竟有83件是蚂蚁所为。故障的原因是各种各样的，如咬坏绝缘层、在电开关处被电死的蚂蚁堆积造成短路、排泄物对金属部件的腐蚀、妨碍可动片的活动等。

〔1〕 Tetramoriam caespitum

15.7 蚂蚁与同翅目昆虫

前面提到过蚂蚁保护蚜虫、介壳虫等，目的是为了舐食其带甜味的排泄物。

蚂蚁对蚜虫的保护是十分周到的，将蚜虫一只只叼到嫩枝叶处，为蚜虫提供遮蔽物，攻击或杀死蚜虫的天敌，这从蚂蚁的行为角度看，的确很有趣，有研究价值，但对农业则带来极大危害。

蚂蚁对介壳虫的照顾，也可说是无微不至，十分周到。

介壳虫多为群栖，就是成片地生活在一起，身体紧贴在寄生的植物上，难以移动，其粪便等排泄物自己不能清扫。这种排泄物含有大量糖分，加上有一定湿度，是细菌、霉菌很好的培养基，而这些菌类的繁殖反过来又直接威胁介壳虫的生命。

在巴勒斯坦有些地区，人们将这种介壳虫的排泄物当做美味食品来吃。当地人叫它“玛那”，有不少诗歌还赞美过这种天赐之物，实际上这只不过是介壳虫的排泄物，在干燥的气候下变硬了而已。你听起来也许会觉得好笑，怎么拿虫子屎当佳肴。其实，我们何尝不如此，你说“燕窝”是什么？“五灵脂”又是何物？前者是金丝燕吞下海藻后吐出的胶状物凝结而成的燕巢，后者为脊椎动物鼯鼠（俗称寒号鸟）之粪便；前者是一种珍贵食品，而后者为一种镇痛止血之良药。

回过头来再说，是谁来解介壳虫之危呢？是蚂蚁。蚂蚁专门前来舔食这种带甜味的排泄物，因而起到了清洁工的作用。

对于介壳虫和蚂蚁两者来说，是各得其所，利益均沾，倒霉的则是这些树木。

15.8 蚂蚁与西瓜

我们已经说过某些蚂蚁对于农业的危害，而本节“蚂蚁与西瓜”也属这一范畴，但因为这是我国科学工作者研究的成果，所以单列一节加以介绍。

此项研究是由贵阳市师范学院生物系施金德和黔东南州植保站的胡开梅二位同志报道的。他们共调查了56个县，主要是黄蚂蚁对西瓜的危害情况。

黄蚂蚁活动敏捷，每窝内蚁数庞大，一位瓜农曾挖出一窝蚂蚁，几乎装满一箩筐。

据调查，受蚂蚁危害的有蚁瓜，少的占21%，多者达50%。切开受害瓜，发现留在瓜里的死蚁，少的243只，多的可达2257只。

黄蚂蚁危害西瓜是从一出苗即开始的，黄蚂蚁啃食根须造成伤口，使之成为死苗或僵苗。当瓜长到拳头大时，蚂蚁就开始咬瓜，重者使瓜烂掉，轻者瓜皮尽是疙瘩。

到瓜瓤开始变红时，蚂蚁的危害更加猖狂，成群地钻进瓜内，轻者仅有一、二个蚁洞，重者瓜皮崩裂，打开瓜一看，成堆的蚂蚁正在啃食瓜瓤，这种瓜多半要烂掉，即使烂不掉也已不能再食用。

16 蚂蚁杂趣，信手拾遗

关于蚂蚁，除了上述各种各样的社会性行为外，在世界各地尚流传着许多趣闻轶事，仅略举数例以飨读者。

16.1 树木雇佣蚂蚁为守卫

在中南美洲的森林里，生长着一种叫做赛苦劳杷的树，长得有些像竹子，生有节，中间是空的，另外还有内外相通的小洞，这就为招徕蚂蚁在此做窝准备了极好的条件。另外，在树的分节之处还能分泌出一些小颗粒，其中含有丰富的营养物质，特别是糖。对于蚂蚁来说，有吃又有住，何乐而不为。

其实赛苦劳杷并非什么样的蚂蚁都喜欢，它们要请的是一种叫做红铁蚁的蚂蚁，让它们在树上安家落户，并将此树作为其势力范围。主要防范的是切叶蚁，说明白点，就是借红铁蚁来对抗切叶蚁。

切叶蚁对赛苦劳杷来说，简直是大灾星，它们一上树，很快会把树叶都咬光，没有了树叶，光合作用难以进行，营养物质不能合成，不久树就会死掉。现在好了，有红铁蚁来此镇守，切叶蚁就不敢再上这棵树了。

16.2 蚂蚁为蚜虫盖房子

在前面有一章“养畜放牧，精心照顾”，我们介绍过蚂蚁为求取蜜汁，积极保护蚜虫，对黑蚬蝶的幼虫还要叼回自己洞中饲养。现在再讲一件蚂蚁为蚜虫盖房子的趣事。

当晚上天气骤冷或遇狂风暴雨，蚜虫会大批死亡。于是蚂蚁就从植株附近叼来细小的土粒，混合上唾液，在植株上做成泥窝。每到晚上，蚂蚁就将分散活动的蚜虫运进窝内，白天天气好，再把这些蚜虫分别送到植株的尖端，让它们能尽快地吃到可口的食物。

当这一植株上蚜虫太少时，蚂蚁还会从别处叼来蚜虫，让它们置身于自己的守卫之下，平安生活。

16.3 蚂蚁与香料

二百多年前，德国的老百姓在市场上卖一种叫做“秀林吉安”的香料。这种香料与蚂蚁之间有什么关系呢？

在松林中生活的红山蚁，做巢时常使用树脂小片作原料，当然这些小片大部分是用来垒蚁冢，但有时也被拖进地下洞穴中。在地下这些小树脂块受热后会融合成大块，这种融块就是秀林吉安香料的主要成分。

当地人到树林中挖这种树脂融块作成香料，少数人还用来假冒为琥珀或药物出售。

这种香料与普通松树树脂的香味并不完全一样，其中蚂蚁进行过何种加工，尚未搞清。

16.4 蚂蚁与昆虫标本

有一位著名昆虫学家，在一次旅行中偶然采集到一种罕见的蝴蝶品种，其喜悦之情自不待言，于是连夜制成了标本。

归国后第一次在展览会上展出，就得到同行们极高的评价，没想到第2天，蝴蝶只剩下几片碎翅。

犯人到底是谁呢？经过调查发现，是一种生活在室内叫做家姬蚁[1]的蚂蚁作的案。其实对于昆虫标本的贮藏来说，

---

〔1〕 Monomoriom pharaonis

蚂蚁是头号敌人，应加倍防范。

16.5 蚂蚁与阿拉伯胶

在非洲的塞内加尔，从阿加西亚胶树上采集阿拉伯胶。这种树的树皮在雨季经水浸泡后就会肿胀起来，变得很柔软，之后进入旱季，被热风一吹，树皮干裂，就会从裂口处流出阿拉伯胶。

但在塞内加尔的斯台普地区，雨季之后接着便是凉爽天气，树皮变硬但并不开裂，为取胶就不得不人工割开树皮，但这样做起来相当费劲。

当地有一种蚂蚁[1]在胶树上筑巢，坑道纵横交错地遍布树皮，深及树髓，洞中经常充满阿拉伯胶的小块儿。居民们于是就寻找这种蚁洞，搜集这种胶块儿，然后以此为原料制成大块阿拉伯胶。

16.6 蚂蚁与登山

登山家们有时可以根据蚂蚁种类，来判断攀登的高度。因为随着山的增高，植物与昆虫的分布会发生变化，以种子、蜜汁和昆虫为食的蚂蚁种类自然会随山高而变化。

在我国著名的佛教圣地五台山，有人曾对不同海拔高度蚁种的变化，进行了调查观察研究。

海拔高度	蚁种
至 1000 米	鄂蚁
至 1700 米	褐皱蚁
1800—3100 米	Formica picea
2300—3100 米	梳蚁
3000 米以上	黑山蚁

〔1〕 Acacia seyal

只要你能够辨认这些蚁种，就可以据此对自己攀登的高度进行判断。

关于我国的几座名山，尚不知蚂蚁种类是如何随山的高度而变化的，但愿登山爱好者中能有昆虫学家，最好是蚂蚁分类学家，这样便能为我们提供更多的科学资料。

16.7 蚂蚁与南洋女

南洋岛屿星罗棋布，经常是一岛一景，一岛一族，语言习俗可完全不同。据日本的江崎教授 1939 年所作的调查，发现一种流传在当地少女中奇特的习俗。

青春期少女，用蚂蚁对外阴部进行加工，这颇有点像非洲黑人女子拉长嘴唇一样。青春期女孩抓来当地一种蚂蚁，让其咬小阴唇及阴蒂，引起肿胀，加上揉、拉、反复刺激，最后使这些部位异常发育。

16.8 蚂蚁与楚霸王

楚汉相争时，楚霸王项羽是位英勇善战的武将，自称“力拔山兮气盖世”，但他只是一个有勇无谋的武夫，而且刚愎自用，不听谋士之言。刘邦呢？是有谋无勇的聪明之主，本事不大，但极善用人，文有张良、萧何，武有韩信。

刘邦对付项羽，并非以力而是以智取胜，最后竟把力敌万人的楚霸王逼得走投无路，只好败退乌江，准备东渡。

谁知当退到乌江边时，竟在江边突然发现“霸王自刎乌江”六个大字，被吓得丧魂落魄。细看之下不由大吃一惊，这六个大字竟是由无数只蚂蚁排列组合而成。项羽认为蚂蚁代表的是“天意”，他仰天长叹：“真是天不容人，蚁来羞”。于是拔剑自刎。从此便有了“汉家天下，蚂蚁助成”的说法。

其实，这是刘邦听从谋臣张良之计，预先派人在霸王必经之地用饴糖写成了这六个大字。蚂蚁喜甜食，自然麇集而来，组成了字。有勇无谋的楚霸王果然中计，愤而自尽。其实冷静想一下，便能识破，因为蚂蚁再聪明，也不可能聚合成字。小小蚂蚁为我们留下了一则千古传颂的“故事”，这才有了烩炙人口的艺术精品“霸王别姬”。

同时，这个故事还告诉我们：早在2200多年前，我们的祖先就已经深谙蚂蚁的生活习性，并利用它为政治斗争“服务”了。

17 综合措施，退治恶蚁

对于危害人畜和庄稼的蚂蚁，让我们姑且称之为恶蚁，要想方设法消灭之。不过至今尚无一种药物，一种方法对多种恶蚁均能发挥满意的杀灭效果，因此需因地制宜，灵活运用，在实践中积累经验。

现介绍一些方法，仅供参考。

17.1 捣毁蚁巢斩草除根

在果园或瓜地，可将蚁穴标出，在开春或深秋季节蚂蚁主要躲在洞中时，挖洞将成蚁、幼虫、蛹、卵等统统翻出，用农药或火将其全部杀死。此法虽然费点事，但效果较好。

17.2 诱捕毒杀

蚂蚁有嗜香、嗜甜、嗜腥习性，可用猪羊油脂、烂鱼、动物内脏或炒麦麸、米糖再洒上点蜂蜜。总之，选用蚂蚁最喜欢吃的食饵。

食饵选好后，挖一个一尺见方的土坑，底上铺一层塑料膜，将食饵放在上面，坑口用膜和土封上，仅留一些缝隙供蚂蚁出入，这样食物气味可以保持较长时间。依蚂蚁密度设置坑数，一般每20平方米设一个。

只要有一只工蚁探到食饵，就会邀集越来越多的同伴前来舔食及搬运。等大批蚂蚁聚集时，用火进行扑杀。

诱杀也可用农药拌食饵来进行，多在夏天进行，此时蚂蚁繁殖很快，急需大量食物供应蚁后及幼虫。如用猪油炒米粉，喷洒上药液，喷后再用适量蜂蜜拌匀，将这种毒饵装在小纸袋或小塑料袋内，每袋一小勺即可，袋不再封口，按一定距离摆放，蚁洞周围可多放一些。不久蚂蚁便会来舔食并搬运回洞供蚁后和幼虫食用，这样可将洞内洞外的蚂蚁全部杀灭。

在大批配药之前，最好抽样试试，看哪种食饵和哪种农药，什么样比例配合起来诱杀效果最好。如果在家里使用，千万要注意人畜的安全，另外将食物、食具等收好，以免被沾染毒物的蚂蚁污染引起中毒。

17.3 竹筒诱杀

选用直径3厘米左右的一节竹子，两头留节，破为两半，在一半筒内放好食饵，然后合拢复原，用绳子捆好，在竹筒两端节上钻孔，供蚂蚁进出。将制好的竹筒放入庄稼田或室内，在蚁洞处要多放一些，隔二、三天检查一次，将搜集到的蚂蚁集中，用火烧死或开水烫死。

17.4 消灭住宅里的蚂蚁

家庭中常见的蚂蚁有两种，一是棕黄家蚁，个体较小；另一为大黑家蚁，个体较大。它们数量多，繁殖快，活动范围无孔不入；它们嗅觉灵敏，常钻进食品柜，聚集在食品上叼取食物。不但污染了食物，并且有传染病菌的可能性。

这两种蚂蚁的食性杂，最喜欢略带甜、酸和带有血腥味的食物，如蜂蜜、糖果、点心、牛奶、肉类及昆虫尸体等。

我们经常见到的、外出活动的都是工蚁。蚁巢一般是在住宅周围的石缝、泥土、树根、草根下；也可以在底层的地板下，还可能在楼房内的墙缝里、阳台上的积土或花盆下面。

消灭蚂蚁的关键在于寻找蚁巢，因为，虽然蚂蚁的耐药力不强，一般的农药很容易把它们杀死，但如果不捣毁蚁巢，仅杀死一部分能见到的工蚁，而蚁巢内的蚁卵、幼蚁仍在不断生长，还会继续出来危害。二则，在它们的运输线上喷洒了杀虫剂后，只能在一定时间内阻止蚂蚁前来，由于蚂蚁的嗅觉很灵敏，不久就会寻找到其他的道路。

消灭蚂蚁的具体做法是：首先清除室内地面上的垃圾、积土、废纸、检查花盆等器皿的底部。然后用水泥或大白粉堵塞墙缝，杜绝室内可能存在的蚁巢。如果住平房或楼房的一层，应清除房屋四周的垃圾、杂草和枯枝，以便寻找蚁巢。

蚁巢一般都不深，寻找蚁巢时，可以用蚂蚁爱吃的食物，如饼干屑或死昆虫来引诱蚂蚁，看它们往哪个方向搬运，在哪里入土。一般入土的地方，就是蚁巢所在的地方。然而，在楼房里找蚁巢就比较困难了，因为工蚁搬运食物时在房屋缝隙中钻进钻出，搞清楚它们的蚁路非常不容易。只能是上下左右的邻居们联合起来，共同寻找，并追查到底，才能搞清楚它们的巢穴。

找到蚁巢后，可以用市售常用杀虫剂（如除虫菊酯类）按使用说明稀释后灌注，用量大约 100 毫升左右；如果没有杀虫剂，用大量开水灌注也行。有时在附近可能存在不止一个蚁巢，需要经常反复寻找和治理。

要想彻底消灭住宅里的蚂蚁，一家一户单独诱杀效果较差，必须整幢楼同时杀灭才能取得较好的效果。

下篇 蚂蚁的食用与药用

18 南北西东，食蚁成风

蚂蚁品种愈万，遍布世界各地，以其营养丰富、味道佳美吸引各地居民争相捕食。让我们作一次五大洲巡礼，浏览一下各地食蚁习俗，当然也只能是蜻蜓点水式地加以介绍。

18.1 亚洲食蚁习俗

谈亚洲首先要说我们中国，据文字记载，我国食蚁已有3000多年历史。至于史前到底要上溯多少年，那就说不清了。恐怕可以说自有人类出现，就开始吃蚂蚁了。这并非毫无根据地瞎说，君不见在介绍大猩猩、黑猩猩的文章里，其食谱中就已经有蚂蚁和白蚁了，而猩猩正是人类的远房亲戚。

古代称蚁冢为蚁封、蚁垤、蚁蝼，先民挖掘蚁冢寻找蚂蚁卵，那时称蚁卵为蚳。其实据推测蚳不一定是卵，因为蚁卵太小了，这里指的应该是幼虫、蛹或茧，因初看像卵，故有此误。将蚳洗净，用盐腌起来或做成酱，专门用来招待达官贵人、至亲好友，可见这并非寻常之物，应属上乘的珍肴佳品。

古人也常食用成蚁，在山西吕梁山麓的徐东县有一块石碑，记录的是明朝永乐年间一位因食蚂蚁而长寿的百岁老人梁阴阳，他自制了以蚂蚁为主要成分，佐以其他滋补品的“壮力长寿丸”，历代相传，造福桑梓，因此后人立碑以资纪念。

报纸上曾介绍过长寿老人阎中山，年近百岁，身体强健，耳聪目明，满口好牙。据老人讲，这完全得益于吃蚂蚁。50多岁时看到蚂蚁以微小之躯却可拖得动几十倍于体重的东西，由此想到了人若吃了蚂蚁，一定会长力气，于是便捉来吃，渐渐还摸索出一套食法：将蚂蚁炒熟，压成面，以蛋清和蜂蜜为丸，每丸3钱，每日2～3丸。自食蚁后觉得浑身有劲，精力充沛。

广西壮族同胞，以蚂蚁酒、蚂蚁炒苦瓜等风味菜来招待客人，此外各种调味料如酱油、味精等有的也是用蚂蚁制成的。

云南的傣族、基诺族等均有食蚁习俗。

据不完全统计，国内长期坚持食用蚂蚁治病或健身者不下十万人。随着蚁类研究的进展，加之良种的养殖、制品的改进，相信这股食蚁之风会越刮越猛，它将造福于更多的人。

印度是个历史悠久的古国，其人口众多居世界第二，食蚁历史也很久远，特别是居住在中南部的木里埃斯族人，常吃纺织蚁。有身份的人还雇用专人采集，采集时节多集中于旱季，因为此时树叶凋落，蚁巢一望即见。采集到的成年蚂蚁、幼虫及蛹用干净布包好、洗净，在石头上锤打，供食用。有的用娑罗树叶包成小包，到市场上出售，获利相当可观。顾客买回家后，加进盐、郁金、干辣椒研成粉，就着米饭吃；或加米粉、干辣椒混合起来熬粥喝。据说常食蚂蚁食品可解疲劳，解暑热。

泰国、菲律宾、缅甸和印度尼西亚的人也有食蚁的习俗。泰国有一道名菜叫咖喱蚂蚁，用的是黄猄蚁，研细作酱加香辣粉混合而成。菲律宾人是将当地的一种蚂蚁烘干，磨成粉用来做汤、炒菜或调馅，据调查凡是经常吃蚁者身体明显强壮，很少得病。缅甸人用红树蚁制成酱食用。印度尼西亚人则食用大树蚁，制成蚁粉，自家食用或拿到市场作为商品出售。

18.2 澳洲大陆食蚁风俗

澳洲人喜食蜜罐蚁，这种蚁的嗉囊内充满着蜜汁。当地人将其捉来，揪掉头然后将葡萄一样的身体整个吞下，或细细嚼食。

另外，澳大利亚的一些土著居民还食用纺织蚁，有时还将其制成饮料，这种饮料味微酸，就像中国人喜欢饮用的酸梅汤一样，在当地颇受欢迎。

18.3 非洲食蚁风俗

刚果的多贡族人，喜食带翅雌蚁，在一定季节，这种蚁从巢中飞出，在天空中飞来飞去，随手抓来就这么生吃，有时也烘熟当点心吃，前者酸甜后者香脆。刚果在宴请客人时有一道名菜“炸蚂蚁”，据说都选用肥大的蚁后作原料。

索马里人也喜欢吃蚂蚁，特别是生殖期雌蚁，这种蚁个儿大，蛋白质含量丰富，营养价值极高。人们为了捉蚂蚁还想出许多办法，如灯光诱捕法。

中非人也热衷于吃蚂蚁，而且吃的都是大蚂蚁。每当暴雨来临，一种大蚂蚁（蜜蚁）拖着花生米般大小的肚子缓慢地从洞里爬出来，急不可待的人们纷纷争抢，放到芭蕉叶上，然后架起篝火，把蚂蚁烧烤一下，便津津有味地吃起来。闻到那股香味，看着吃蚁者津津有味的样子，会让旁观者馋涎欲滴。在旱季他们也有办法，孩子们发现一个蚁洞，会拿大棒子在洞周敲打，蚂蚁受不了这种震动，惊慌地爬出来逃命，于是刚一出洞就被活捉了。

加纳、扎伊尔人也都喜食蚂蚁。

18.4 美洲大陆食蚁风俗

美洲的印第安人喜食蚂蚁，常常是洗净后加点盐一腌就当菜吃，遇有客人则用油炸一下，成为上等菜肴。

哥伦比亚印第安人聚居的布加拉曼长市，被人称之为“蚂蚁城”，其“烧大蚁”是远近闻名的名菜。作为一项传统技艺世代流传下来，就像北京“全聚德”的烤鸭一样，虽然到处都在烤，但唯以“全聚德”者为正宗。

美国人把蚂蚁视为高级营养品。一些食品厂把蚂蚁加工成罐头、夹心巧克力，并设有专门商店或饭馆出售，虽然价格昂贵，但仍有不少人光顾。

墨西哥人吃蚂蚁可说是世界之冠，以蚂蚁为主料作馅的点心大受欢迎，做成的菜为名菜，有专门餐馆，营业时总是食客盈门，甚至需要预约才行。墨西哥人用蜜罐蚁腹中的蜜，经发酵制成的一种酒，已成为名酒。

巴拉圭、圭亚那、巴西等地，人们很喜欢吃切叶蚁，特别是繁殖季节那种带翅的雌蚁。众所周知，切叶蚁的大颚是很利害的，咬一口就要致伤。但当看到这种蚂蚁在天空乱飞时，村村寨寨顿时热闹起来，人人兴奋异常，被一种强烈欲望所驱使，使他们毫无畏惧地冲上去，捉起来，人人手里拿着一柄棕榈叶，不停地抽打，打落后立刻装进袋子里。吃法有多种，或烘熟吃，或作汤，性急者当时抓住就生吃。

18.5 欧洲食蚁风俗

德国是开发蚂蚁资源最早的国家之一。第二次世界大战后为解决粮食危机，政府委托工厂将蚂蚁经过处理制成罐头食品，开了专门餐馆及食品店，颇受市民欢迎。

瑞典人用蚂蚁酿酒，使用的蚁种可能是红山蚁。为使酒味更醇正，他们将红山蚁与燕麦一起蒸馏，结果使酒的质量大为提高。

奥地利人则将红山蚁作成酱，抹在面包上食用，据说因其微酸可起生津止渴之效。

全世界周游了一圈，不知你有何感想。我们这个号称食蚁历史悠久的大国，今后尚需下大力进行研究，筛选优良食用蚁种，进行人工养殖，根据蚂蚁不同的药理性能，营养特点，运用中医辨证原理使之与不同营养食品配合，生产出各色各样的食疗食品。食品味美，营养丰富，人们可以放心食用，有病治病，无病防病健身，以此改变我们的食品结构。

19 微量元素，天然宝库

19.1 何谓微量元素

近年来有关微量元素的报道日益增多，什么是微量元素呢?

自然界是一个物质世界，其中的生物和非生物，都是由化学元素组成的。人类也不例外，其构成及自身的生命过程中不断与地球生物圈进行着物质交换，因此，人体的元素组成，在质和量两方面基本上与地球表层（包括生物圈）的元素组成相似。自然界存在的所有元素在人体内几乎都有，但含量差别极大，按其含量可分为常量元素和微量元素两大类。

微量元素一词起源于 19 世纪中叶，当时用光谱分析法测定动植物体内元素成分时，发现有些元素只能被定性地确定有痕量存在，故得“微量元素”之名，当然，应用现代检测技术对这些元素已能测得其准确的含量。在有些文献中尚可见到其同义词，如稀有元素、少量元素、欠缺元素、分散元素，指的都是这类“微量元素”。

19.2 微量元素与人体健康

人体含有 60 余种微量元素，有一些属于人体所必需，在组织中含量比较恒定，一旦缺乏可出现结构及功能的异常，当给予补充则可恢复正常。人体必需微量元素目前已知有 14 种，即硒（Se)、锌（Zn)、锰（Mn)、铁（Fe)、钴(Co)、铜（Cu)、碘（I)、钼（Mo)、铬（Cr)、镍（Ni)、锡（Sn)、硅（Si)、氟（F)、钒（V)，其中后 5 种是在 1970 年前后才被确定的。14 种必需微量元素中锰、锌、硒、铁、碘、铜比较重要。

随着现代生命科学的迅速发展，人们愈来愈认识到微量元素在维持身体健康中的重要作用，揭示出生命与某些微量元素的密切关系。例如，铁是主要的造血原料（合成血红蛋白），它的缺乏将引起缺铁性贫血或营养性贫血，铁与维持神经系统功能有关，铁缺乏，人的智力、学习、记忆等将会衰退；硒是维持心血管应激能力的重要物质，长期缺硒容易导致心脏疲劳并诱发各种心脏病，硒在免疫调节中占有重要地位，缺硒易患癌症；锰和铜通常协同作用，加强造血功能，参与中枢神经激素的信息传递和促智作用。其他如锌、碘、钼等，尽管作用各异，但都有共同目标：一是促进能量代谢和人体生长发育过程，起到增强体质的作用；二是在维持机体内环境平衡方面发挥影响。因此，有关微量元素与健康，微量元素缺乏症的诊断与防治成为大众关注的热点。

19.3　蚂蚁与微量元素

吃蚂蚁和用蚂蚁作为保健食品的习俗，从古到今在我国各民族中广泛存在，在国外亦如此（见前面的“南北西东，食蚁成风”）。数千年来，蚂蚁食疗经久不衰，为什么呢？因为味道佳美，营养丰富，其中含有重要微量元素，起到明显的防病、治病功能和抗衰老效果。

国内王忠等人对大黑蚂蚁水提取液的药理作用进行了系统研究，测得蚂蚁体内微量元素含量如下表。

黑蚂蚁微量元素测定（$\overline{X}$）

	硒（Se）	锰（Mn）	锌（Zn）	铜（Cu）	铁（Fe）
全蚁粉（μmol/kg）	10.14	9186.4	7440.8	98.2	10743.1
蚁液（μmol/L）	5.60	3949.8	1670.74	22.0	358.1
生理盐水（μmol/L）	0	0	63.3	31.5	69.1

按照营养学分析，所谓营养素指的是能够在生物体内被利用，具有生理作用的物质，一种食物的营养价值，不仅取决于其所含的营养素，也取决于其可消化性和可吸收性。为此研究人员设计了这样一个实验，将实验小白鼠分为两组：实验组（腹腔注射25%蚁液0.5ml）和对照组（腹腔注射生理盐水0.5ml），各组均每天注射一次，连续4周，4周后分别检测实验指标，结果如下表所示：

小鼠血液内微量元素含量（μmol/L）（$\overline{X}\pm SD$）

	硒（Se）	锰（Mn）	锌（Zn）	铜（Cu）	铁（Fe）
实验组（n=10）	0.51±0.25	4.004±0.67	191.9±25.8	41.5±9.3	2685±844.0
对照组（n=10）	0.26±0.32	2.87±0.86	108.4±13.8	56.3±8.9	3615.3±123.8
P值	<0.05	<0.01	<0.01	<0.01	<0.01

上述结果表明，给小鼠注射蚁液能使小鼠血液中最重要的三种微量元素锰（Mn）、硒（Se）、锌（Zn）含量明显上升，而铜（Cu）、铁（Fe）反而降低。P值越小说明两组差别越大，而且这种差别很显著。

国内有学者对湖北、广西、新疆等地百岁老人聚居地区的土壤、饮水、大米、小麦、黄豆以及百岁老人的血液、头发等进行多种元素分析，发现长寿与这些地区微量元素谱有一定关系，百岁老人们体内具有高硒、高锰和低镉的特点。

硒是与衰老现象关系较大的一种重要微量元素，补硒可以加速动物心肌梗死区细胞的修复。国外的调查还发现，各种癌症死亡率高低与该地区土壤中含硒量成反比关系，补充硒可减少癌症发病率，尤其是乳腺癌和结肠癌。我国的克山病，即与地方性硒缺乏有关，临床证实口服亚硒酸钠对降低克山病的发病有明显效果。

锰在人体内约为 10～20 毫克，锰参与蛋白质、葡萄糖与脂肪的氧化磷酸化以及其他生化过程，可促进生长发育与性成熟。长寿地区老年人头发中锰的含量，明显高于非长寿地区的老年人。

人体内锌的总重量是 1～3 克，锌与机体的代谢过程及某些疾病的发生密切相关，人体缺锌时，可导致多系统功能紊乱，如厌食、异食癖、生长发育迟缓，严重者成为侏儒，性器官不发育，伤口不易愈合，免疫力低下等。70 岁以上老人每日口服硫酸锌 220mg，经过一定时间老人 T 淋巴细胞明显增多，表明锌确能改善老年人免疫能力和具有抗衰老作用。我国 18 个地区对学龄前儿童锌营养状况调查，用目前采用的发锌标准（小于 70ppm 为严重缺乏，70～110ppm 为临界缺乏，大于 110ppm 为正常），判断锌缺乏程度，锌缺乏率为 61.9％，其中以临界性锌缺乏为多。

近年来国内外含微量元素的药品上市渐多，用于延缓衰老的老年保健的和有助于儿童生长发育的微量元素制剂也在增加。我们认为，含有蚂蚁提取液的食品，价值优于这些制剂。一则其含有的锰、锌、硒是微量元素中最重要成分；二则其存在形式多为有机盐类；三则其存在于昆虫体内，比例天然合理。

因微量元素缺乏而致体弱多病者，心血管系统疾病和癌瘤的患者，除特殊治疗外，食用这种含蚁液食品将极为有益。

20 痹症风湿，蚂蚁克之

地球上有大量昆虫生存，据科学家估计，种类可达一百多万种，占动物总数的四分之三。昆虫作为药物应用于临床，据记载已有2000多年的历史了。我国第一部药学典籍——《神农本草经》中，就对虫类药物的各种临床疗效予以肯定，并作了较详细记述，我们的先人从自然界找到这些药物，由浅入深，由少到多，不断发现、补充、大大充实了它的内容，扩大了它的应用范围，使其和植物类药物一样，成为祖国医药宝库的一个重要组成部分。

蚂蚁是地球上数量最多，分布最广，历史悠久，源远流长的一类昆虫，既可食用，又可药用。蚂蚁性味甘平，微毒。蚂蚁在《本草纲目》中被叫做“玄驹”，具益气、泽颜、催乳、活血化瘀、驱风散寒、补肾养肝、健脾等功效。蚂蚁能治疗多种疾病，尤其是以蚂蚁为“君药”治疗类风湿性关节炎，更有独到之处，是我们祖国医药学宝库中很值得发掘、研究的一个课题。

20.1 类风湿性关节炎

与早在古希腊希波克拉底时代就为世人所知的系统性红斑狼疮不同，类风湿性关节炎直到17世纪末才在英国人的尸骨中发现，它是以全身关节、软骨和骨骼的炎症性损伤为特征的慢性疾病。因为发病的早期阶段与风湿性关节炎相似，难以区分，但病情发展各不相同，因此在风湿性关节炎之前加一个“类”字以示区别。它的病因学复杂，免疫、遗传和激素等因素对其发展至关重要，所以它是一种与遗传因素有关的，以关节病变为主的免疫调节性疾病。其发病率，高发病国家可达1%～3%，我国在0.6%以上，据此推算，全国至少有700万患者，由此可见，类风湿性关节炎对人类的危害有多么严重。

类风湿性关节炎最常见的临床表现为掌指关节和腕关节痛、肿、僵直，常伴有足跖部疼痛，提示病变累及跖趾关节。此病时好时坏，逐渐加重，迁延数年，形成慢性顽疾。类风湿性关节炎的自然病程不一，临床表现的轻重范围较广。国外报道，约10%患者，最终生活不能自理；50%的病人，反复发作，中间虽有较长的缓解期，但最终发展全不同程度的功能障碍；20%的病人，虽复发但缓解后多不遗留关节畸形；其余20%的病人，短期滑膜炎恢复后可不再复发。据美国安德逊报道，类风湿的自然病程可分为：①病程在一年内自行缓解者约占10%；②恶性病程者约为10%，治疗困难，终成残废；③其余80%为长期慢性过程。

因起病后的病程、进展快慢与轻重，事先难以预计，治疗方案难以确定，加之病因不十分明确，所以到目前为止尚无特效之根治妙法。目前大多数治疗手段是旨在减轻关节炎症和组织损伤的对症治疗。全国中西医结合风湿寒痛协作组提出，对类风湿关节炎要抓住早期治愈，控制中期发展，改善晚期症状的治疗准则。

现行治疗的目的在于：控制关节及其他组织的炎症，缓解症状；保持关节功能和防止畸形；修复受损关节以减轻疼痛和恢复功能。

20.2 从金刚丸到蚂蚁丸

尽管中医典籍中没有类风湿性关节炎这个病名，但有与类风湿性关节炎相吻合的疾病论述。此病在中医属痹症范畴，相当于“肾痹”、“骨痹”、“尪痹”，其病机为素体肾虚，肝气不调达，脾阴不振，寒邪侵袭入骨，经络气血不行，关节涩闭，筋骨失养，渐至筋挛骨松，关节变形，不得伸屈。

早在汉代民间流传用蚂蚁磨粉炼蜜丸制成“金刚丸”治疗筋骨软弱。汉代医圣张仲景在他的医著《金匮要略》和《伤寒论》中对痹症的因、证、脉、治均有精辟论述，当时称之为“历节风”的病就是现代所说的类风湿性关节炎，强调病因源于营卫气虚，运行不畅。治疗原则是益气通阳、调和营卫、发汗利尿、通经活络。蚂蚁药性属平性略偏温，有扶正固本的功效，补肾驱寒、养肝荣筋、祛瘀通络，对于属虚损性疾病的类风湿性关节炎自有其独到之处。

近年来，随着基础理论研究的深入和临床治疗上的进步，蚂蚁为君药治疗类风湿性关节炎越来越受到人们的重视。取得了较好的疗效，是当前治疗类风湿性关节炎的有效药物之一。

美国迈阿密大学的研究人员用蚂蚁尾部螯刺腺提取“毒液”，注射到病人身上治疗类风湿性关节炎，获得满意疗效。可见，蚂蚁制剂抗类风湿的作用是显著的。

类风湿性关节炎系一全身性顽症，而蚂蚁对此症有如此奇效，这真是类风湿患者的福音。

蚂蚁种类繁多，其中不少是有毒品种，选用时一定要严格筛选、鉴定，防止滥用，以免出现意外。

20.3 补肾健脾与免疫调节

国内王忠等从免疫学角度，对大黑蚂蚁水提取液的药理作用进行了系统研究，用不同年龄组昆明小鼠与 78 周以上老龄鼠为实验动物，分实验组与对照组，检测了 11 项实验指标。实验结果表明，大黑蚂蚁水提液是一种广谱免疫增强剂，除促进胸腺增生、发育，还能提高巨噬细胞和 T 淋巴细胞活性；同时，蚂蚁又具有免疫调节作用，对病理免疫反应具有抑制作用。这种维持机体生理平衡，抗御病邪的双相调节作用，体现出蚂蚁独特的功能。

尽管至今对类风湿性关节炎的病因尚未完全了解，但多数学者认为，类风湿性关节炎是一种既有体液免疫，也有细胞免疫异常的自身免疫性疾病，是一种与遗传因素有关的免疫调节性疾病，可以肯定，免疫紊乱与病变的延续有关，关节的炎症是免疫反应所产生的多种介质作用于组织的结果。

从中医角度看，类风湿性关节炎属虚损性疾病，从现代医学理论分析为免疫性疾病。中医的“正气”泛指人体内的抗病能力，具有类似免疫系统之功能。陈松涛用同位素标记法发现，多种疾病的虚症患者，其细胞免疫功能皆有所降低。这为“免疫功能与中医正气”概念之间的相关性提供了一个佐证。肾之元气属于正气范畴，中医认为“肾主骨生髓”，现代医学发现免疫细胞中的T淋巴细胞乃由骨髓造血细胞衍生而来，为肾气与免疫之间的关系又提供了依据。

中医认为“肾为先天之本”，“脾为后天之本”，中药方剂多以补肾健脾法为主，先天、后天兼顾，本固则枝荣，枝荣则长青不凋，补肾健脾是中医补益的基本思想。免疫学发展迅速，学者们对免疫调节的重要性评价很高，把它看成是人体内除神经—内分泌调节外另一个重要的感知和调节中枢，甚至有人把它叫做“游动脑”。因此增强免疫功能是西医防治疾病的一条基本法则。

21 食疗功用，防病治病

饮食疗法在我国有悠久的历史，它是我国劳动人民的一大创造，是我国医药学的珍贵遗产，而蚂蚁食疗是这百花园中的一枝奇葩，3000多年来一直在民间流传。

我们的祖先为求得生存而与自然界作斗争时，曾经历了“茹毛饮血”，“山居则食鸟兽”，“近水则食鱼鳖螺蛤”的漫长岁月，而食用各种大小动物，自然会碰到一些有医疗保健作用的动物，随着经验积累，逐步认识了动物类药，这似乎是历史的必然。对蚂蚁的认识当然也是如此。蚂蚁食疗是在食药同源的基础上发展起来的，既可作为食品又可作为药物。

21.1 营养丰富，保健佳品

根据现代营养学分析，蚂蚁含蛋白质40%～55%，少数可达67%以上，其中有28种游离氨基酸，有8种是人体必需氨基酸，含有维生素B_1、B_2、B_{12}、E及矿物质钙、铁、磷、硒、锰、锌等，尤以锌的含量最为丰富，每1000克蚂蚁含锌量达120～198毫克，每100克干蚁能产生650～700千卡的热量。蚂蚁的蛋白质含量可与黄豆、牛肉相比，其含锌量之高更是在食品中难得，无怪乎营养学家称蚂蚁为“营养宝库”。

人类为了维持生命和健康，保证正常的生活和劳动，需要获取营养素，营养素可分为蛋白质、脂类、碳水化合物，无机盐与微量元素、维生素、水六大类。

各种营养素中，蛋白质在保证机体各种机制的正常运行中最为突出，它占人体细胞固定成分的80%，是构成和修补人体一切组织的基本原料，此外蛋白质又是增强机体抵抗力、防止各种致病因素入侵的关键物质，例如，流行性感冒、病毒性肝炎、伤寒、麻疹等，其抗体均是蛋白质。此外，体内成千上万种化学变化需要的酶也都是蛋白质。这些蛋白质虽是体内合成的，但其原料则主要从营养品中摄取。可见蛋白质对于人是何等重要。营养学家建议每日的蛋白质摄取量应占总热量的12%～14%，成人以每日每千克体重1～2克为宜，儿童、青少年应加倍以满足生长发育的需要。

蚂蚁不但蛋白质含量丰富，且锌的含量尤为突出，这对于因缺锌而引起发育不良的儿童和过早衰老的中老年人，蚂蚁不失为高级滋补食品和保健佳品。

21.2 异病同治，疗效喜人

据报道，蚂蚁能治疗多种疾病，能治疗产后乳汁不足、风湿性关节痛、类风湿性关节炎、癌症、支气管炎、慢性胃炎、月经不调、神经官能症、肺结核、慢性肝炎、坐骨神经痛等。为什么蚂蚁能治疗这么多病？根据蚂蚁的药性和蚂蚁的药理作用，蚂蚁能扶正祛邪，补肾健脾，蚂蚁制剂有免疫调节功能。

异病同治，蚂蚁的药用领域十分宽广，因此研究开发蚂蚁药品有着实际意义。

下面我们仅对蚂蚁治疗癌症，蚂蚁治疗乙型肝炎作简单介绍。

21.2.1 蚂蚁具有防治癌症的作用

癌症——恶性肿瘤，严重威胁着人类的健康和生命，目前癌症的发病率有增无减，世界上每年新增添600余万癌症患者，其中500余万人将痛苦地离开人间，攻克癌症是人类共同的愿望与要求，世界卫生组织（WHO）为此庄严地宣布：谁攻克了癌症，将为这样的人塑一尊和其身体大小相同的金像。

长期以来，癌症留给人的印象是“不治之症”，因此使人“谈癌色变”，望而生畏，随着医学的进步和发展，对于癌症的发病因素和机制有了深入了解，通过临床治疗病人的实践，医生发现综合治疗是治疗癌症的有效手段。除外科手术、放射线治疗、抗癌化学药物治疗、免疫治疗外，中医药治疗、食疗和药膳也占有重要地位，能明显提高癌症的治愈率。

美国有家“好希望”大药房，该药房的医药顾问史密斯博士曾对一求购抗癌药的中国人说：“您想了解治疗癌症的药品吗？它多得几乎使人无法计数，但可以肯定，凡真正有效的抗癌药在你们中国都有，不仅有常规的抗癌药，而且还有传统的中草药。”当问到能否有一种毒性小，能提高身体抵抗力的抗癌药时，史密斯博士说，提高身体抵抗力的抗癌药，首先要数中国的中草药，中药中的补气药、强壮药都能能增强机体的免疫力，中医称的扶正固本就相当于增强机体的免疫功能，实验证明很多扶正药有抗癌抑癌作用。

癌的发生与免疫功能低下有关，而科学实验结果表明，蚂蚁是一广谱免疫增强剂。蚂蚁体腔液中90%以上活性物质是草体蚁醛，其在免疫功能方面起着重要作用。

在科研人员与临床工作者的配合下，食用蚂蚁治疗癌瘤已经有了可喜的苗头，据有关报道，全军肿瘤研究中心和几家解放军医院，口服蚂蚁提取液配合化疗、放疗用于治疗恶性肿瘤，能改善患者食欲、营养状况、增加白血球、减轻疼痛，延长存活时间及明显减轻化疗、放疗引起的不良反应。动物实验结果，显示蚂蚁提取液的抑癌率达38%。

深入研究蚂蚁的免疫调节机理和作用，为蚂蚁食疗抗癌开拓更广阔的领域，具有现实意义。

21.2.2 蚂蚁治疗乙型肝炎

病毒性肝炎分甲、乙、丙、丁、戊等型，由相应的肝炎病毒引起，近年来在许多国家、地区流行。我国是病毒性肝炎的高发地区，年发病率为950/10万，比美国高41倍多(美国为23.1/10万)。

病毒性肝炎的共同特征是，肝脏急性或慢性炎症，肝功能损伤，伴有消化道症状。甲型肝炎为自限性疾病，不会发展为慢性肝炎，但乙、丙、丁型肝炎常转为慢性过程，发展为慢性肝炎、肝硬变，并与肝癌的发生有一定关系，严重威胁着人类的健康与生命。对慢性乙型肝炎的治疗目前虽有一些方法，但尚无突破性进展，也就是说，到目前为止还没有一种满意的治疗方法，是临床疾病治疗中的一大难题。

现代药理学分析，几种食药两用蚂蚁几无毒性，具抗炎、护肝、镇静、平喘、解痉等药理作用，根据其药理作用，治疗乙型肝炎是合乎科学道理的。

乙型肝炎主要是通过输血及血制品、不洁注射和围产期母婴传播。根据血清流行病学调查，全国人群中，乙型肝炎表面抗原（HBsAg）阳性率为11%，其中1/4最终将发展为慢性肝病，我国现有慢性肝炎病人约1200万人，每年因肝病死亡的人约30万，尤为严重的是乙型肝炎表面抗原阳性的母亲，40%可直接传播给婴儿。新生儿感染后约80%～90%可成为慢性乙型肝炎病毒携带者，这样约有80～100万新生儿成为乙型肝炎病毒的携带者，其中一部分婴儿成年后会发展为肝硬化及肝癌。乙型肝炎表面抗原阳性的转阴比较难，目前尚缺乏非常有效的治疗方法，自然转阴率仅为2%～4%。研制、开发能抵抗、抑制乙型肝炎病毒的药物将是极有意义的。

22 药理实验，前景灿烂

前面我们介绍过，世界各地在历史上使用蚂蚁进行疾病治疗的情况。近几年来，深入地对食用蚁进行药理学研究，治疗或辅助治疗疾病的开发工作，正在我国的许多科研、医疗单位蓬勃展开。

其中，以我国蚂蚁药用专家吴志成先生为代表的研究机构，以蚂蚁粉、蚂蚁提取液为主药，治疗肝炎、风湿和类风湿性关节炎的药理及临床研究，已获可喜成果。

北京大学医学部药理学系库宝善教授、营养食品卫生学系唐仪教授、新药开发研究所舒永华研究员合作，对蚂蚁提取液进行了更为系统地研究，发现其药理作用非常广泛，如其具有镇痛、抗癫痫、抗惊厥、增强红细胞变形性、抑制胃酸分泌和阻止应激性溃疡的形成等。

鉴于蚂蚁提取液作用比较温和，本身无任何毒副作用，且营养价值极高，本联合研究以食疗为重点，针对多种疾病的病因和病理，以蚂蚁的药理作用为中心，配伍以相应的营养食品或食药两用的滋补品，制成冲剂或胶囊，用于辅助治疗有关疾病。

治疗疾病，人们多着眼于用药，或看中医服中药，或瞧西医用西药，有时中西药齐上。当然，这里并不是说吃中药或西药有何不妥，某些急症，如腹痛吃几片解痉药物，药到病除立竿见影；急性肺炎、肠炎等，选用合适的抗菌药物，经突击治疗使炎症得到控制，身体很快康复；外感风寒，几剂中药喝下去，几天就能痊愈。

但有些慢性病，如胃溃疡、肝病、肾病、癫痫等，多是迁延不愈，时好时坏，这种情况下，单靠药物往往难于奏效。如慢性肝炎，每天中药几包、西药几十片，以为只有这样，病人的症状才会很快改善，能尽快痊愈，事实上，这样不但无益反而更有害，因为不论中药还是西药，对于身体来说都是异物，异物进入体内后身体就要千方百计加以代谢，尽快消除。主要担负消除任务的恰恰是肝脏本身，肝脏俗称是人体的化工厂，肝细胞内含有多种代谢酶，对异物进行氧化、还原、水解、脂解，或使之与硫酸、葡萄糖醛酸等结合，目的是解毒和加速排除，可以想象，当肝脏有病，肝功受损，解毒功能本来就很差，大量药物进入必然会加重其负担，天天如此，怎么可能会早日痊愈呢？

那么治疗疾病，特别是慢性疾病，怎么才算合理呢？关于这一点，各派观点并不一致，不过纵观现代一些发达国家，人们开始崇尚天然食品、无污染食品，注重自身抵抗力，这是经历过长期的无数的教训后才逐渐明白过来的。

从药理学观点看，主要是三个方面的关系：一是身体抵抗力，二是疾病的病因和病理，三是药物（也包括其他治疗，如理疗、食疗等）。其中，身体的抵抗力是最重要的，千方百计提高身体的抵抗力、免疫力，才能使疾病向着好的方向转化。用药的目的，一是要消除病因或阻断疾病恶化的病理过程，二是要调动身体的抗病能力。因为病的消除、治愈最终要靠自身的抵抗力，单靠药物来维持终非良策，更何况药物久用毒副反应会越来越明显。

近来，食疗的地位在不断上升，本身是食品、营养品、滋补品，起着扶正固体、强身之效，有针对性地选择具有治疗作用的食品，可起到祛邪除病之效。扶正祛邪，食疗兼得，这应该是最为理想之物，用以辅佐少量药物治疗，肯定会收到较好的效果。

广西产拟黑多刺蚁，是一种良种蚂蚁，含有多种氨基酸、维生素、微量元素和多种活性物质，研究证实其有多种药理作用。下面我们将予以简单介绍，诸君可根据自己身体或疾病的需要，选择相应蚁疗食品。

22.1 蚂蚁的消炎作用

炎症的特点，在急性期为红、肿、热、痛。药理学实验，简单地说，就是利用动物作成炎症模型，通过使用蚂蚁(干粉或水煮提取液)，观察在动物身上是否有抗炎症作用。

为了使结果更具科学性和可信性，实验至少应设四组：一组动物腹腔注射或灌胃给予无药理作用的液体，一般是用生理盐水，有时也使用其他无药理作用的溶液（配制药物时就用此种溶液）。设这一组的目的是为了观察疾病本身发展的情况（自然愈合还是逐渐恶化），将药物组与这种对照组进行比较，再经统计学处理，才能判断某种治疗是否真有疗效。

有些报道，说某种治疗的疗效是百分之多少，但由于没有设对照组，所以结果不能让人信服。以前有人用柳树叶治疗肝炎，治愈率为90%以上，由于没有设这种对照组，结果就有出入。其实，急性肝炎的自愈率是非常高的，尤其是甲肝，多能自愈。转为慢性的仅是少数，所以虽报道柳树叶的治愈率高达90%以上，但毫无意义。

第二应该设标准药物组，如治疗炎症有效的药物糖皮质激素（如去氢考的松），也就是人们常说的“激素”。设这种标准药物组与对照组相比，可知目前最有效的治疗应当获得怎样的效果。这样，蚂蚁制品如果有效，就可初步作出判断，是比“激素”强还是弱。

第三和第四组，应该是蚂蚁制剂的大剂量组和小剂量组，当然如果有条件最好设更多的组，以便观察蚂蚁的抗炎作用与剂量关系。

炎症实验通常使用大白鼠或小白鼠。为使结果可靠，至少要用三种方法造成炎症。

22.1.1 二甲苯造成的炎症

按上述分组原则分若干组，分别先灌胃给各种药物，每天一次，连续一周，在最后一次灌胃后 90 分钟，在小鼠左耳滴 0.05 毫升二甲苯致炎，15 分钟后，用打孔器在左耳和右耳相应部位，取下直径 1 厘米的圆片，将两圆片称重。因左耳已致炎，充血、水肿、渗出使组织变厚，与右耳相比，重量之差可以反应炎症的情况。这种差别在对照组最大(9.6±1.7)。而大剂量蚁液组（12 克/千克）的差别较小(3.9±0.7)。这说明蚁液有抗炎作用。用数学方法进行统计，P 值＜0.05。这说明用过蚂蚁后和对照组相比差别是显著的。如果结果 P＜0.01 则是很显著；P＜0.001 就是极为显著。没有这种数学统计处理，很难做出显著性判断。举个例子说，用一种药物治疗感冒，共治 5 个病人，一周内有 4 个人痊愈，另一组 5 个病人没用药，一周内有 3 人痊愈，就是说，一周内感冒痊愈率用药组为 80%，而未加任何治疗组为 60%，两组相差 20%，看起来结果不错，但经数学统计处理，P＞0.05，说明这种差别没有意义，要想证明这种药物是不是真有效，还需扩大治疗病例。这里要说明的是 P 值有什么意义，至于如何计算，因为较为复杂，不在此介绍了，有兴趣者，可阅读统计学的书。

22.1.2 用甲醛给大白鼠制造关节炎

分组和给药同前，末次给药后 1 小时或 1 个半小时，将 2.5%甲醛溶液 0.06 毫升注射于鼠足跖部皮下，5 小时后测定大白鼠足肿胀的程度，可以测量周长，最好是用排水容积法。生理盐水组，用甲醛造成的炎症，平均肿胀程度为

71.5±3.0，而用蚁液40克/千克组肿胀程度为57.1±4.0，两组相比P<0.01，说明蚂蚁有明显对抗甲醛致炎症作用。

22.1.3 冰醋酸性腹膜炎

分组和给药与前同，于末次给药后30分钟，给每只小白鼠静脉注射1%伊文思蓝溶液0.08毫升，同时腹腔注射0.5%冰醋酸溶液0.4毫升。20分钟后将动物处死，剖腹，发现腹腔中蓝色渗出物，用5毫升生理盐水反复冲洗，冲洗液变成蓝色。用分光光度计在580nm波长处测吸收度，吸收度越高说明渗出的染料越多，也说明在腹腔形成的炎症越严重，因为炎症时会有渗出，血浆中有蓝色染料，所以渗出液呈蓝色。实验结果：预先给过生理盐水的对照组平均吸收度为0.21±0.07，而每天用33.7克/千克蚁液组为0.11±0.04，P<0.01，差异非常显著。

以上的动物模型代表了几种类型急性炎症，结果表明蚁液的确具有明显抗炎症作用，但强度弱于可的松。

22.2 蚂蚁的镇痛作用

疼痛是多种疾病的症状，特别是炎症时通常都伴有疼痛，如牙痛、关节痛等。

疼痛也可以用动物模型来表现，当然动物不会像人那样可以说出来或表现出来，但通过特定反应可进行判断。

22.2.1 小鼠醋酸扭体反应

分组和给药方法与前同，可观察急性给药效果，也可观察慢性给药效果。末次给药后2小时，给每只小白鼠的腹腔注射0.6%醋酸0.2毫升，注后10分钟开始记录小鼠扭体次数，共记录10分钟。扭体次数越多，说明疼痛反应越利害。为什么要用比较稀的弱酸来进行这项实验呢？因为需要的仅仅是弱酸性液体对腹膜的刺激作用，浓度太高或使用强酸会引起急性腹膜炎，这种情况下疼痛虽然很严重，但动物扭体次数反而减少。醋酸扭体法所获得结果是：生理盐水组平均 45.9±13.9，蚁液 22.5 克/千克组为 20.0±4.6 次，较强的抗炎镇痛药物消炎痛 20 毫克/千克组为 11.4±10.2。实验结果说明：蚁液和消炎痛都有较强镇痛作用，但前者作用略弱。

22.2.2 热板致痛法

把一平底铜锅放在水浴内，水浴温度保持在 55℃，将小白鼠（用雌鼠，因雄鼠会烫伤睾丸）放进铜锅，先进行筛选。因锅底烫，小鼠可表现出躁动不安、跳跃、踢腿、舔前足，这些多不稳定难做判断，当其回头舔后足时，动作幅度大指标明确，从放入到舔后足所需时间可供判断。选择放入后 10 秒内舔后足的小白鼠供进一步实验用。分组，给药方法同前。结果如下：生理盐水组舔后足平均潜伏期为 8.5±2.3 秒，蚁液 40 克/千克组为 21.7±8.7 秒，消炎痛 40 毫克/千克组为 38.6±6.2 秒。与对照组比较 $P<0.01$，说明蚁液和消炎痛均可明显对抗热板引起的疼痛，使潜伏期明显延长，但蚁液镇痛作用较消炎痛弱。

此外，我们还用夹尾法，电刺激法（刺激足部）引起疼痛，所得结果相似，不再赘述。

总之，蚂蚁水提液在多种镇痛模型均被证明有镇痛作用，但强度均弱于消炎痛。消炎痛在常用解热镇痛药物中，镇痛作用是比较强的，对于钝痛，如牙痛、头痛、肌肉痛、关节痛等均有效。但消炎痛的不良反应很多，只能短期使用，长期使用会引起消化性溃疡、血液系统紊乱及神经精神方面障碍，而使用蚁液类则很安全。

22.3 蚂蚁的免疫增强作用

让我们先来简单介绍一下免疫系统，即免疫器官、免疫细胞及免疫反应。

免疫器官，一是免疫的中枢器官，这就是胸腺，位于胸骨后，这里是造血干细胞增殖、分化为T淋巴细胞和B淋巴细胞的场所；另一类是周围的淋巴器官，包括全身的淋巴结和扁桃腺、脾脏，这里是进行免疫反应的重要场所。几乎每个人都体会过，当上感、牙齿或口腔有感染时扁桃体及颈部淋巴结会肿大；手、足感染时，腋下或腹股沟的淋巴结会肿大，实际上这是一种保护性反应。

免疫细胞，参加免疫反应的细胞，除了前面提到的淋巴细胞外，还有浆细胞、单核细胞、肥大细胞、嗜中性及嗜碱性白细胞，这些细胞都起源于造血干细胞，平时存在于血液中，并时常游离到毛细血管外，当遇有损伤、炎症、异物等时，则游离的数量增多。淋巴细胞依功能又可进一步分成T淋巴细胞、B淋巴细胞、K淋巴细胞和NK淋巴细胞。

免疫物质，除细胞外一些大分子物质也参与免疫反应，如免疫球蛋白、补体、淋巴因子等。

下面说说免疫反应：

体液免疫　这主要由B淋巴细胞来完成。某些大分子物质具有抗原性，如蛋白质、细菌、病毒及其内、外毒素等。当这些抗原物质进入体内，B淋巴细胞上有识别部位，受抗原刺激后，这种B淋巴细胞就开始大量增殖，分化成为浆细胞，浆细胞分泌出大量抗体到体液中去，在免疫物质的协助下，抗体与抗原结合引起反应，排斥抗原。这种抗原抗体反应，在多数情况下对机体是有益的，如细菌、病毒等感染时，抗体增加，有助于杀灭、排除这些致病微生物，减弱毒性。感染之后体内高浓度的抗体，可以防止新的感染，有时甚至是终生不再被感染。如天花，得过以后可以终生免疫。种“牛痘”就是为了达到这样目的。外伤后要注射破伤风抗毒素，疯狗咬伤要注射狂犬病疫苗等，都是在利用这种体液免疫反应，起到预防和治疗作用。

但有时体液免疫反应也可招致不良后果，如枯草热、花粉病、青霉素过敏、鱼虾过敏等，这是一些病理性免疫反应，严重时甚至危及生命，要注意预防，一旦发生要及时治疗。

抗体是免疫球蛋白，主要是糖蛋白。依免疫球蛋白结构不同，又可细分为G、M、A、D、E五大类。

细胞免疫　主要由T淋巴细胞来承当。简单说，T淋巴细胞受到抗原刺激后，增殖、分化形成大量致敏淋巴细胞。当致敏淋巴细胞再次遇到同一抗原时，可直接杀伤带有这种抗原的细胞，此外还能释放出多种活性物质（淋巴因子）。

取炎症部位的组织切片，借助显微镜可以观察到大量淋巴细胞、白细胞、巨噬细胞浸润和吞噬异物，以及坏死组织。这其中包括非特异性免疫。

蚂蚁提取液之所以能增强免疫反应，目前认为主要与其所含丰富的微量元素锰、硒有关。动物实验已证明，锰能加速cGMP生成，促进淋巴细胞的分裂；硒是胸腺细胞膜的成分之一，随年龄增加胸腺萎缩，硒含量也逐渐降低，注射蚁液后胸腺重量增加，硒含量相应增加（为对照组的3倍多），说明硒可通过保护胸腺细胞结构和功能而间接促进免疫功能。

关于蚁液对免疫功能影响研究成果最突出的是空军医学专科学校的王忠等人，因实验涉及面很广，在此仅摘要加以介绍。

22.3.1 蚂蚁水提物中微量元素含量

取拟黑多刺蚁干蚁，水浸 48 小时，火熬 2 次，每次两小时，将两次的滤液合并之后浓缩至 2.5%，相当于每毫升水提液中含有 0.025 克干蚁的提取物。

测定结果如下：以每升蚁液含多少 μmol 表示，硒 5.60（0），锰 3949.8（0）、锌 1670.7（63.3）、铁 358.1（69.1），括弧内为每升生理盐水的含量，作为对照。

22.3.2 蚁液对老龄小白鼠（78 周）血液及免疫器官微量元素含量影响

给实验鼠每天一次腹腔注射蚁液 0.5 毫升，对照组注射同样容积的生理盐水，4 周后，血液及免疫器官中微量元素含量测定结果如下（括弧内为生理盐水对照组的含量）：

硒——全血 0.5±0.3（0.3±0.3）；胸腺 30.1（9.4）；脾脏 18.1（5.2）。

锰——全血 4.0±0.7（2.9±0.7）；胸腺 104.1（45.7）；脾脏 30.0（21.4）。

锌——全血 191.9±25.8（108.4±13.8）；胸腺 4127.1（2381.4）；脾脏 528.0（1977.4）。

以上结果，两组相比，从统计学上分析均有显著差异。

22.3.3 蚁液对老龄小鼠免疫器官重量影响

给老龄鼠腹腔注射蚁液 2 周，对照组分为两组，一组为成年对照（12～16 周龄，另一组为 78 周老龄鼠）。这样设组目的，一是看看老龄鼠与成年鼠相比胸腺与脾脏是否缩小，二是看看老龄鼠腹腔注射 2 周蚁液后，免疫器官重量如何变化。

实验结果：

胸腺——平均重量（毫克）成年对照组 93.7±20.7，老龄对照 49.0±11.0，注射蚁液的老龄组为 86.5±12.3。可见老龄鼠胸腺明显小于成年鼠，注射蚁液 2 周可使之明显增加，几乎接近于成年组。

脾脏——老龄鼠脾重于成年鼠，而注射蚁液后重量进一步增加。

22.3.4 蚁液对老龄鼠非特异免疫功能的影响

给药、分组方法与前项实验相同。给药两周后，外周血中性粒细胞计数（单位为 10^9/升）三组结果如下：成年对照组 2.97±0.87，老龄对照组 1.32±0.47，老龄蚁液组 2.46±0.78。可见老龄后外周血中性粒细胞数明显减少，注射蚁液 2 周后可使之明显增加，数量接近于成年鼠水平。

测巨噬细胞吞噬功能（用吞噬指数来表示），结果如下：成年对照组 0.40±0.08，老龄对照组 0.38±0.19，老龄注射蚁液组 0.81±0.53。可见蚁液明显增强巨噬细胞的吞噬功能。

测血清中溶菌酶（毫克/升），实验结果如下：成年对照组 55.1±10.4，老龄对照组 78.0±18.6，老龄蚁液组 142.7±19.4。

22.3.5 蚁液对特异免疫反应的影响

（1）蚁液对老龄小鼠脾脏抗体生成细胞（用溶血空斑法 PFC）的影响

此实验分组、给药方法同前，最后4天用10％绵羊红细胞免疫动物，4 天后采用平皿打孔法。结果脾脏抗体生成细胞数为：成年对照组 91.2±34.3，老年对照组 57.8±26.5，老龄蚁液组 102.9±20.0。可见老龄化后脾脏中抗体生成细胞数明显减少，而用蚁液后明显增加，其水平已达成年鼠水平。

（2）蚁液对老龄小鼠细胞免疫功能的影响

实验分组、给药方法同前。给药 2 周，淋巴细胞的绝对值（$\times 10^9$/升）如下：成年对照组为 3.000±0.980，老龄对照组 1.780±0.183，老龄蚁液组 4.680±0.999。可见老龄后血中淋巴细胞数明显减少，使用蚁液后淋巴细胞回升，甚至超过成年鼠。

（3）E 玫瑰花实验

实验原理是这样的，在成熟的 T 淋巴细胞表面，有绵羊红细胞受体，把淋巴细胞与绵羊红细胞一起孵育时，绵羊红细胞就聚集在 T 淋巴细胞的周围，形成玫瑰花状。分组和给药方法同前，结果以百分率来表示。此实验结果如下：成年对照组 37.4±4.3，老龄大鼠组 27.4±4.0，老龄蚁液组 36.9±4.7。说明老龄化后细胞免疫反应降低，而蚁液可使之回升至成年对照鼠水平。

此外，还进行过多种实验，均可获增强免疫功能的结果。总之，大量实验证明，蚁液可明显提高疫免能力，这包括非特异性免疫和特异性免疫，体液免疫和细胞免疫。如果老年人适当地应用蚂蚁制剂，将会推迟衰老，减少老年病的发生。

22.4　蚁液的抗惊厥抗癫痫作用

惊厥是指全身或局部肌肉不自主地、剧烈地抽动，常见于高烧、药物或毒物中毒，亦可见于各种原因所造成的中枢神经系统损伤。

癫痫是一种慢性中枢神经系统疾病，突然发作，短时间（几秒至几分钟不等）后恢复正常。如果偶尔发作 1～2 次，无需治疗，若发作频繁，则需长期使用抗癫痫药物进行预防性治疗。癫痫可分为多种类型，常见的有四种（大发作、小发作、精神运动性发作、局限性发作）。药理实验通常用几种动物模型，如果某种药物对这些模型有效，则有可能在临床上对某种类型癫痫病有效。

22.4.1 蚁液对小鼠电惊厥的影响

实验时用电极夹住小白鼠的双耳，通以 110 伏直流电 0.3 秒。正常小白鼠或对照组小白鼠（生理盐水组），通电后四肢强直，之后抽搐，几十秒钟后恢复正常。

将小白鼠分为三组，每组 15 只，实验前分别腹腔注射生理盐水，小剂量蚁液（12.5 克/千克），大剂量蚁液（25 克/千克）。一小时后进行电刺激，结果如下：对照组全部惊厥，小剂量组有 50％发生惊厥，大剂量组只有 25％发生惊厥。

实验结果说明，蚁液有中等度的抗电惊厥作用，在临床上可能对癫痫大发作有效。

22.4.2 蚁液对戊四唑所致小白鼠惊厥的影响

戊四唑是一种化合物，给小白鼠腹腔注射后，小白鼠阵发性抽动，竖尾，这种模型可以反应癫痫小发作的病理过程。

戊四唑腹腔注射量 100 毫克/千克，实验结果如下：对照组 19 只全部惊厥，蚁液（25 克/千克）组，19 只中有 9 只惊厥，约占 47％，对抗率为 53％。

可见蚁液对癫痫小发作，也有一定的对抗作用。

22.4.3 蚁液对小白鼠脑内注射海人藻酸引起惊厥的影响

海人藻酸是一种致惊剂，其致惊是由于使脑内兴奋性氨基酸功能增强，抑制性氨基酸功能减弱所致，这两种氨基酸之间平衡失调，在癫痫发病中起着极为重要的作用。

对照组小白鼠18只，惊厥发生率100%，蚁液组（25克/千克）惊厥发生率10%，换句话说抗惊厥率为90%。

从上述几个实验，初步可以得出结论，蚁液具有比较温和的抗惊厥作用，临床上可能有一定抗惊厥、抗癫痫作用。如果以蚁液为主要成分，配制成营养食品，用来辅助各种癫痫病的治疗，也许会收到意想不到的效果。

22.5 蚂蚁粉对小鼠食欲、体重、自主活动和性功能的影响

北京大学基础医学院药理学系将拟黑多刺蚁干粉，混进标准的小白鼠饮料中。大量组的比例是蚁粉：饲料=22.5：500，小量组的比例是蚁粉：饲料=11.25：500。将60只小白鼠（雌雄各半）分成3组，每组20只，喂养50天，第1组普通饲料喂养，第2、3组分别大、小量蚁粉饲料喂养。

前15天，逐日记录食物消耗量、体温、体重和小白鼠自主活动，发现蚁粉饲料组摄入量明显减少，约减少20%左右（有剂量关系），但3组小白鼠间体重无差别；蚁粉饲粉组小白鼠体温最初几日略降，一周后趋于稳定；小白鼠活动，以蚁粉饲料组最为活跃，但两种剂量间无明显差别。

这一结果说明，加蚁粉后食量减少，但体重不减，小白鼠活动反而增加，这可能是由于蚂蚁营养丰富，含多种氨基酸、蛋白质、维生素和微量元素，起滋补强壮之效。

两周后继续喂养过程中，每日观测雌性小白鼠的性周期，选择体重35克以上小白鼠进行交配（1雄配3雌）检查受孕只数，于妊娠第15天，解剖孕鼠，观察胎鼠只数、雌雄比例及发育情况等，结果三组间并未见明显差别。

民间曾流传，食蚁可以明显增强性功能，用于治疗阳痿、早泄等男性性功能障碍。此研究是用正常小白鼠，未发现对雌、雄鼠性功能、受孕、胎儿发育有任何影响。对高龄

鼠影响如何，尚待研究。

22.6 蚁液对大白鼠胃酸分泌和应激性溃疡的影响

用大白鼠进行实验，通过手术在大白鼠胃中插上两根管子，一根在贲门部，另一根在幽门部。因蚁液 pH 为 4.0，所以对照组用稀醋酸配制，使 pH 值与蚁液相同。手术前 12 小时及 2 小时分两次腹腔注射。

手术后将胃内容物冲洗干净，搜集胃液并测定 pH 值。连续收集 30 分钟，总胃液量并无明显区别。pH 值对照组为 3.12±0.75，8 克/千克蚁液组为 5.12±1.35，两组相比差别非常明显，这种差别并非因药液 pH 所致，而是蚁液的作用。

同样使用大鼠，4 肢固定在木板上，浸泡在 15℃冷水中，20 小时后立即处死，剖腹取胃，结扎贲门与幽门端，向胃内注入福尔马林液加以固定。用溃疡指数来表示溃疡的严重程度，其结果，对照组为 48.2±20.4，实验前每日腹腔注射蚁液（8 克/千克）组为 29.2±12.9，两组间差别非常显著。

此实验表明，蚁液可以明显减轻应激性溃疡的发生。

消化性溃疡是一种常见病，溃疡的发生与精神紧张有密切关系，此外溃疡发病与胃酸过高有关，特别是十二指肠溃疡，通常说“无酸无溃疡”就是指这种关系。

可以设想，蚁液具有降低胃液酸度，减轻应激性溃疡程度，若能配以适当促进伤口愈合、减轻脂质过氧化的营养品，则更利于溃疡病的治疗。

23 “蚁皇神粉”，保健佳品

23.1 拟黑多刺蚁与健康

拟黑多刺蚁，是一种热带树蚁，现已大规模人工养殖，也是卫生部唯一批准的作为食品新资源的优良食药两用蚁种。

什么叫食药两用呢？即经我国卫生部批准的特定动物或植物，本身既是中药但因其无毒无害加之营养丰富，所以又可食用，如乌鸡、鳖、牡蛎、山药、菊花、甘草、茯苓等。拟黑多刺蚁（以下简称蚂蚁）已跻身于保健佳品之列。

为什么称蚂蚁为保健佳品呢？蚂蚁与其他昆虫性食品，如蜜蜂、蚕及蛹或蛾、蝗虫等相比有什么特殊之处呢？

一是蚂蚁为长寿昆虫，工蚁的自然寿命为5年，蚁后可活15～20年；与之相比工蜂、蚕、蛹加上蚕蛾、蝗虫，寿命仅为数月。“长寿佳品助长寿”这话很有道理，百年老参价格昂贵盖出于此。

二是蚂蚁为无病昆虫，蚂蚁在人工饲养环境下很少得传染病，即使用混有剧毒的细菌喂养，在体内亦将其全部杀死、消化；这与蜜蜂易患臭巢病、蚕易感染白僵菌而大批死亡形成了鲜明对照。“无病佳品助健康”，也就是顺理成章的事了。

三是蚂蚁为大力昆虫，按体重计蚂蚁可拖动400倍于体重的物体，而且不知疲劳地连续工作，这是其他动物难以做到的。食蚁者普遍反映食后体力大增不易疲劳则是证明。

蚂蚁之所以长寿、无病、力大，肯定有物质基础。大量科学研究证明，蚂蚁营养成分组成，除与其他昆虫食品有共同之处外，微量元素中以锰、锌、硒，维生素中以 E 含量尤为突出，此外含有大量活性物质，如生长激素、白细胞介质、心钠利尿激素，雌、雄性激素，草体蚁醛、蚁酸等。这些活性物质、维生素、微量元素就是其滋补强壮、防病治病的基础。

从中医学讲，蚂蚁具有补肾健脾功效，“肾为先天之本”，“脾为后天之本”，本固自然可祛百邪。“肾主骨生髓、藏精，开窍于耳，其华在发。”通俗点说，补肾可壮筋骨强肢体，造血功能增强，性功能旺盛，促智健脑，耳聪目明。健脾则改善消化、吸收功能和营养状态。试想，一个人营养状态良好，头脑灵活，肢体强健，精力充沛，夫妻生活和谐，不正是人人所追求的目标吗？也只有这样才能算作高质量的生命。

人生几十年，酸、甜、苦、辣、咸，历尽艰难、操劳、奋斗，到了中老年身心俱佳、百病皆无者恐怕是少数。那么蚂蚁对一些危害性较大的疾病是否有治疗价值呢？

先说风湿、类风湿性关节炎，涉及数千万人，尤其是后者几乎无法阻止其发展，最终结局是关节畸形，功能丧失，生活难以自理，痛苦而无奈。到晚期常使用免疫抑制剂，如环胞霉素 A、硫唑嘌呤，甚至抗肿瘤药，如环磷酰胺，即使如此缓解率也不过 50%～70%，而且毒副作用大，常被迫停药。蚂蚁具抗炎、镇痛、双向免疫调节作用，可大大缓解症状。据 8 省市联合研究结果，蚂蚁治疗 16 000 多例类风湿病人，总有效率可高达 90%。

恶性肿瘤是死亡率非常高的疾病，手术、化疗、放疗仍是主要治疗手段。但由于巨大精神冲击，手术创伤，免疫功能降低，造血功能抑制及化疗、放疗带来的全身毒性，使许多人最后不是直接死亡于癌症，而是死于严重营养不良、继发感染、再障性贫血等。这里毫无说蚂蚁是抗癌最有效的意思。但蚂蚁制品的确可改善病人营养状态，提高免疫力，增加白细胞，减轻治疗带来的不良反应，保证治疗顺利进行。全军肿瘤中心用动物实验证实蚂蚁本身的抑癌率可达38%。

肝炎特别是乙型肝炎是危害面很广的一类疾病，目前尚缺乏特效中药或西药来治疗，加之多数药物在肝脏解毒，使用不当反加重肝脏负担，有时甚至出现化验指标好转而病情却在恶化的假象。河北医学院附属医院传染科用蚂蚁水提物治疗乙肝有效率达72.7%，16%病人乙肝病毒复制转阴。与其他治疗相配合效果可能会更理想。

人人求长生，衰老却无情。衰老虽非一种具体疾病，却是百病滋生的温床，如癌症，每天产生成百上千个异常细胞，都被机体消灭，一旦防御系统失灵，癌症也就发生了。其他如心脑血管病、老年性痴呆、内分泌系统疾病、关节肌肉疾病等无不情同此理。衰老最突出表现是细胞损伤、衰老和死亡，最主要杀手是不断产生的氧自由基，其过氧化反应直接损伤细胞，在电子显微镜下可看到核蛋白脱颗粒，线粒体减少，胞内大空泡，内质网增厚等变化。蚂蚁中含有丰富的元素硒、维生素E和SOD，联合起来可有效地清除自由基，减缓衰老进程。蚂蚁抗炎作用、免疫调节作用、滋补营养作用还可使一些衰老器官和组织，如性腺、胸腺、胰腺、骨髓、心肌细胞、血管内皮等，在一定程度上得到恢复。

23.2 “蚁皇神粉”营养成分分析报告

“蚁皇神粉”是以优质食用蚁种“拟黑多刺蚁”为主要原料，辅以一定比例的食药同源的中草药加工精制而成；是由北京大学医学部药理学系库宝善教授课题组，依据中西医结合原则与河北神蚁保健品有限公司联合开发的。经过中国农业大学营养学系两次测定，北京大学医学部食品营养卫生系实验认定，其营养价值和滋补强壮、免疫调节功效已获得卫生部首批保健品认可。

中国农业大学食品检测中心

对“蚁皇神粉”营养成分分析报告表

检测项目	样品含量
蛋白质	44.02%
粗脂肪	13.34%
纤维素	12.02%
蚁酸	2.14%
水分	8.77%
热量	1503.89kJ/100g（359.78kcal/100g）
淀粉	12.55%
维生素 B_1	0.92mg/100g
维生素 B_2	1.25mg/100g
维生素 B_5	24.8mg/100g
维生素 B_6	0.5mg/100g
维生素 A	165.0IU/100g
维生素 E	4.43mg/100g
多糖	4.769g/100g
三糖	0.791g/100g
二糖	0.698g/100g
葡萄糖	1.492g/100g
果糖	0.380g/100g

主要脂肪酸	在脂肪成分中所占%
油酸	58.42%
亚油酸	5.38%
亚麻酸	1.94%
棕榈烯酸	19.28%
硬脂酸	6.81%
肉豆蔻酸	0.43%
棕榈酸	0.05%

人体 9 种（全部）必需氨基酸	含量（g/100g）
缬氨酸	2.96
亮氨酸	2.92
组氨酸	2.16
异亮氨酸	1.78
赖氨酸	1.61
苯丙氨酸	1.54
苏氨酸	1.19
色氨酸	0.40
蛋氨酸	0.39

其他氨基酸	含量（g/100g）
谷氨酸	6.64
甘氨酸	4.60
脯氨酸	2.37
天门冬氨酸	2.29
酪氨酸	2.26
丝氨酸	1.84
丙氨酸	1.71
精氨酸	1.65
半胱氨酸	0.47

矿物质元素	含量（mg/kg）
K	7433.0
P	3344.0
S	3022.0
Fe	1479.0
Na	1026.0
Ca	857.4
Zn	240.0
Mn	228.0
B	125.0
Mg	82.3
Cu	45.8
Ba	42.5
Mo	8.8
Ni	7.3
Co	4.0

课题组组织全国有关医院、研究单位对食用人群多年来的跟踪调查，结果证实“蚁皇神粉”对各种疾病，如风湿性和类风湿性关节炎、糖尿病、肝病、胃肠病、肾病、癫痫病、神经官能症、焦虑失眠、皮肤病、妇女病、性冷淡、阳痿、感冒、癌症术后的恢复及年老多病体弱者均能起到明显的辅助食疗保健作用。其原理是“蚁皇神粉”具有双向调节免疫系统（大剂量抑制自身免疫，小剂量提高免疫功能），清除自由基防止脂质过氧化，增加必需氨基酸、脂肪酸和微量元素，改善代谢，总之能起到扶正祛邪固本的作用。已成为中老年人喜爱的保健品之一。

23.3 灵芝蚁宝

主要成分：灵芝　拟黑多刺蚁　炒酸枣仁

工艺：提取　干燥　粉碎　装胶囊

国家（国家食品药品监督管理局，SFDA）指定卫生检测中心提供的催眠实验结果（摘自 SFDA 批准资料）：

延长戊巴比妥睡眠时间：对照组为 840±197 秒，小剂量组（0.42 克/公斤体重）为 1132±383 秒；中剂量组（0.83 克/公斤体重）为 1412±693 秒（与不加灵芝蚁宝胶囊组比较有明显延长，$P<0.05$）；大剂量组（1.25 克/公斤体重）为 1676±893 秒（与不加灵芝蚁宝胶囊组比较有特别明显延长，$P<0.01$）。

入睡时间：明显缩短（中剂量 $P<0.05$），（大剂量 $P<0.01$）。

结果明显，非常理想。与催眠药物研究的结果类似，此胶囊虽然是“保健食品”，但是所用的成分都是国家批准的食药两用中药。

23.3.1 灵芝蚁宝的配方思路

主要成分为什么选择拟黑多刺蚁、灵芝和酸枣仁呢?

先说说失眠，有原发性失眠，又分为难入睡、中间醒和早醒三型；继发性失眠，原因很多，可以说大部分疾病都会影响睡眠，但常见的原因或疾病有焦虑、抑郁症、各种炎症等。

拟黑多刺蚁，是采用广西的一种树蚁，吐丝做窝，最大特征是墨黑、油亮、体节处有明显的六根刺，腹部浑圆光滑无毛（下图左侧为拟黑多刺蚁；右侧为多家日本保健品提供的蚂蚁，腹部多毛，但那并不是多刺!）

本研究室多年研究，以及河北神蚁保健品公司多年合作观察的结果，发现拟黑多刺蚁单独应用可以增强免疫功能，对免疫具有双向调节功能，对多种炎症疼痛有效，改善睡虑，通便作用明显。

分析其有效物质和它们的药理学作用，发现真正起主要作用的是甲壳素（chitin）和经过胃酸、十二指肠液处理后生成的壳聚糖（chitosan），此外就是蚂蚁独特的蚁酸和草体蚁醛，以及较高含量的锌和硒。

而各种蚂蚁类保健品强调的多少种必需氨基酸、ATP、DNA、脂肪酸等，其实没什么大作用，只不过听起来觉得神秘、高深，让使用者高兴、相信。

23.3.2 壳聚糖的神奇作用

壳聚糖是多聚氨基葡萄糖，下面的图是拟黑多刺蚁在体内产生的甲壳素，和部分脱乙酰基形成的壳聚糖：

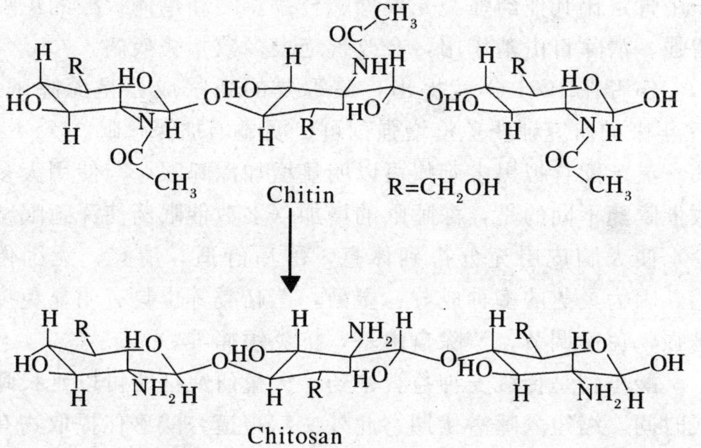

图 43　甲壳素（chitin）和脱掉乙酰基形成的壳聚糖（chitosan）

壳聚糖怎么会是主要药理活性物质呢？首先它是多糖类，像其他多糖，如枸杞多糖、银耳多糖、灵芝多糖、黄芪多糖等一样，具有增强免疫和免疫双向调节作用。

每个糖上面都有一个氨基，这也是食物当中极为少见的，带有正（+）电荷的多糖，在体内吸引带负（－）电荷的乳化脂肪微滴，这是由胆汁中的胆汁酸乳化脂肪形成的。试想不被吸收的壳聚糖带着一串脂肪微滴，会刺激肠蠕动，滑润肠壁，促进排便，解除便秘。便秘是健康的大敌，长时间宿便，大量毒素吸收，危害全身组织和细胞。

减少脂肪吸收的同时，随着大量排出的还有胆汁酸，本应回收的胆汁酸缺乏，肝脏就要利用血液中的胆固醇合成新的胆汁酸，结果降低血液胆固醇，这有利于高血脂、动脉硬化、高血压、心脏病、肥胖、糖尿病的改善。

如果壳聚糖在体内断裂成单体氨基葡萄糖，这就成了典型的治疗关节病和炎症疼痛的化学药物。

试想，壳聚糖配合上具有抗炎作用的蚁酸、草体蚁醛，作用肯定比其他药强。壳聚糖配合锌、硒和草体蚁醛的免疫增强、清除自由基作用，会改善绝大多数相关疾病。

作者在 1991 年就提出，最重要的睡眠成分是深睡眠。15 年来的研究证明免疫增强剂可以明显增加深睡眠。

灵芝配合拟黑多刺蚁可以明显增加深睡眠，与使用大多数催眠药不同的是，深睡眠的增加（多数催眠药使深睡眠减少）使大脑皮层充分得到休息，醒后舒适，清爽，无困倦感。因为灵芝的多种成分，多糖，三萜类等也具有明显免疫增强，免疫调节，清除自由基，抗炎镇痛等。

酸枣仁是传统安神益智中药，大量研究证明可以延长睡眠时间，缩短入睡潜伏期。此外文献报道，酸枣仁提取物有抗焦虑作用，减轻焦虑改善睡眠是必然的结果。

23.3.3 预先的药理学研究是有效的可靠保证

前面给出了配方和国家指定直属研究单位的实验结果，是在严格审查过成分含量、安全性之后的效果部分。

其实在北京大学药理学系的神经药理研究室，我们已经进行了大量研究工作。

首先检索中、英、日文的相关文献，搜集具有安神、催眠、抗焦虑等作用的单方和复方、古方和现代方、中成药等，从中优选出使用频度最高的十味药。第二步分析十味药的化学成分，特别是水溶性成分；再查找中外文论文，看有无关于其抗炎免疫、镇静催眠、抗抑郁焦虑等相关文章。

第三步选中四味左右，按照文献定出大中小剂量，进行正交数学设计（排列组合十几组），用国家规定的筛选催眠药物方法进行筛选，选中最佳比例方剂。最佳方剂，分为大中小剂量，重新研究，看是否复合作用与剂量相关原则，作为药物（中药新药），如果能够获得与对照组相比，小剂量略有增加（统计学可以没有显著差异，$P>0.05$），中剂量有显著差异（$P<0.05$），大剂量非常显著差异（$P<0.01$），就可以肯定。如果作为保健食品，只要采用的三个剂量当中，有一组能有显著差异就可以肯定。

23.4 一身清胶囊（改善便秘，降低血压）

主要成分：拟黑多刺蚁粉，黑木耳粉，壳聚糖。

配方思路：就是在拟黑多刺蚁作用（见灵芝蚁宝）基础上，增加壳聚糖，增加纤维素。黑木耳中纤维素是非常丰富的，另外其中多糖具有免疫增强作用。

与正常小鼠相比，喂食过一身清的动物肠内容物推进明显加快（用黑色的碳餐做标记）；在制作便秘动物模型，一身清明显加速排便，排便量明显增加，大便的含水量也明显增加。

表1结果显示，一身清在中剂量（1g/kg）和大剂量（2g/kg）时小鼠炭粉推进率和对照组相比均有显著性差异，以中剂量组作用最为明显；而小剂量组和对照组相比无显著性差异。

表1　一身清对正常小鼠小肠炭粉推进率的影响（$\overline{X}\pm S$，$n=40$）

组　别	n	剂　量 (g·kg⁻¹)	小肠总长度 (cm)	推进距离 (cm)	推进率（%）
对照组	10		46.75±2.75	28.10±4.85	60±9
一身清小剂量	10	0.5	45.80±2.81	26.70±4.92	58±10
中剂量	10	1.0	47.10±3.63	36.65±4.24	78 ± 8^b
大剂量	10	2.0	48.30±3.05	33.45±6.14	71 ± 11^a

与对照组比较，$^at=6.67\sim9.09$，$P<0.05$，$^bt=9.09\sim9.75$，$P<0.001$

一身清对便秘小鼠排便功能的影响

表2结果显示：一身清的三个剂量均能缩短首次排黑便时间，增加粪便含水量，和便秘模型组相比均有显著性差异；一身清的小剂量（0.5g/kg）和中剂量（1g/kg）还能增加排便粒数，和便秘模型组相比有显著性差异。

表2　一身清对便秘小鼠排便功能的影响（$\overline{X}\pm S$，$n=40$）

药物	n	剂　量 (g·kg⁻¹)	首次排黑便时间 (min)	排黑便粒数 (粒)	粪便含水 (%)
便秘模型对照组	10		239.5±58.2	9.1±3.3	37.0±9.5
一身清小剂量	10	0.5	140.5 ± 29.3^b	17.5 ± 4.9^b	43.6 ± 3.2^a
中剂量	10	1.0	133.1 ± 34.4^b	20.7 ± 6.2^b	50.5 ± 2.9^b
大剂量	10	2.0	157.0 ± 53.0^b	8.3±3.1	58.2 ± 5.6^b

与对照组比较$^at=3.89\sim13.63$，$P<0.05$，$^bt=2.76\sim4.80$，$P<0.01$

从上述结果看，中等剂量更理想。这也说明应用的量并不是越大越好。一种健康食品，能够有一个剂量，与对照组相比能够获得 $P<0.05$，就可以肯定有效果，因为它不是药品，一般不谈疗效，但是本研究结果，的确是相当于药品的

作用。为什么？因为一切程序是按照药品进行研究的，使用成分是国家规定的食药两用中药，没有不良反应，所以禁忌证也比较少，比较安全。

23.5 全方味（清除自由基，保护胃粘膜）：拟黑多刺蚁粉，桦孔茸，灵芝孢子粉

配方思路：其中拟黑多刺蚁和灵芝孢子粉，前面提到过，而且是大家比较熟悉的，就不在赘述。重点说说桦孔茸。

桦孔茸主要产于俄罗斯的西伯利亚，是桦树上寄生的真菌类，就像蘑菇和灵芝一样，是特殊种类的真菌，非常稀少、珍贵，上万棵桦树才有1～2个，在树上生长20多年，才能明显看到，吸收桦树的津液，营养自己。

在东欧许多国家包括俄罗斯，长期以来作为民间药物，广泛用于治疗胃炎、溃疡、骨结核和癌症。西伯利亚桦孔茸就像中国的灵芝，都属于无毒性的蘑菇类（菌）。灵芝在中国传统医学已经有长期应用历史，其神奇的强身健体效果已经被现代医学研究所证实。

桦孔茸具有补“气”功能（意思就相当于西方人所谓的体内流动的能量）。几个世纪以来，西伯利亚桦孔茸用于治疗癌症、糖尿病、胃病、血液病、支气管炎、肝脏损伤、高血压和细菌或病毒引起的感染疾病。

从16世纪开始，西伯利亚桦孔茸就被用做肿瘤和消化系统疾病的治疗药物。近年来，它的疗效为芬兰赫尔辛基大学的药物学家Kirsti Kahlos博士所证实，他从桦孔茸中提取出一种三萜类活性物质叫做inotodiol。Kahlos及其他研究者证明这种inotodiol能够抗病毒，抗胃肠道炎症和抗特定肿瘤。

医学研究证明桦孔茸是一种有效抗肿瘤药。1958年芬

兰和苏联科学研究发现，这种菌类对于子宫、肝、乳腺和胃癌以及对糖尿病和高血压都有显著效果。它能抗病毒感染，增强免疫系统功能和改善消化功能。对于神经衰弱和紧张工作引起的失眠也能够明显改善。这种安全又是纯天然的西伯利亚桦孔茸，能全面改善你的身体健康。

韩国营养学会：桦孔茸刺激脑组织代谢；内服或外用具有抗炎症效果，是一种抗氧化剂，延缓某些种类的肿瘤生长，降低血压，降血糖。

俄罗斯医学会：对肺肿瘤和肝肿瘤具有明显抑制效果，对神经衰弱患者和老年人能起到镇静作用，对胃病和胃溃疡有预防和治疗作用，兴奋免疫系统。

现代研究表明，西伯利亚桦孔茸含有丰富的β-葡聚糖，SOD，Betulinic acid，这就使之成为天然菌类当中最强的医药用菌。

俄罗斯医学研究会（Russian Medical Research Council）认定：桦孔茸已经应用几个世纪，它能够增进健康，对免疫、代谢、抑制肿瘤、血压、胆固醇、子宫癌和胃癌均有效。

日本的厚生安全省（Ministry of Health & Welfare）和韩国的卫生部（Ministry of Health）批准：西伯利亚桦孔茸可以作为蘑菇类食品（approved Siberian Chaga for use as a mushroom food）。

- 在俄罗斯，桦孔茸被俄罗斯医学研究会批准。
- 在亚洲，民间有多方面应用，包括增强免疫系统，抗菌、抗病毒，用于肝脏、肾脏和脾脏解毒，兴奋中枢神经系统，护肤美容。现代研究和病例研究都再一次确认，应用桦孔茸有助于人的心理健康和身体健康。

治疗作用：桦孔茸减轻疼痛，改善病人全身状态，早期应用还能防止并发症。

生理作用：增强体质、镇痛、抗肿瘤、健胃和滋补。

桦孔茸即使用较大的剂量也没有副作用，味道不苦。不像灵芝那样很苦，需要作成胶囊，并且添加许多其他成分。而桦孔茸完全可以用其提取物冲服，当茶饮。

附：

玄驹的传说

库宝善

仙境游乐　突遭横祸

天庭有一乐园名叫天乐园，一年四季，风和日丽，绿草如茵，繁花似锦，幽静宜人。这是天庭上专供王母娘娘、仙姬、仙女们闲暇游乐之所。

这一日，百草仙子的小丫头彩儿，耐不住寂寞，偷跑出来，挎着竹篮，提着花锄，来到园内，摘鲜花，采仙草，准备让百草仙子制备百花百草霜。突然一声马嘶，一匹黑马驹儿（彩儿亲切地叫它小黑），撒着欢儿，奔了过来。小黑来到彩儿的身边，又是用嘴唇噌她的手，又是围着她跳呀叫呀，高兴极了。

按照天庭的律条，丫头是不许私自来天乐园的，动物就更不能入内。因为彩儿是百草仙子的随身丫头，经常随仙子到园内来采药种药，和护园天兵天将混得很熟，这些兵将们偶尔得个头疼脑热、小病小灾的，经常求彩儿给点灵丹妙药，服后很快病就能治好，所以对她也就格外开恩，半公半私，睁一只眼闭一只眼，顺水人情就放她进园了。

小黑从小就经常跟着彩儿一起玩儿，和她特别亲。因为小黑调皮，有一次不小心摔断了腿，是彩儿给予精心治疗和护理才没落下残疾，要不然就得被马倌从御马园赶出来，那样一来它的一生定会很悲惨。今天小黑知道彩儿进了园，趁守卫的兵将们不注意，闪电一样窜进园来，它这样干也不是一次两次了，兵将们司空见惯，谁也就没拿这当成什么事。

彩儿和小黑就如两只刚出笼的小鸟，玩着、闹着、跳着、叫着，开心极了。常言说，天有不测风云，谁也想不到，一场大祸会从天而降。

突然之间，一道灰影射向小黑。原来是一只大灰狼，强壮、凶猛，两眼冒着绿光，张着血盆大口，露出白森森利齿直奔小黑的咽喉。

还得说小黑，年纪不大但反应敏捷，说时迟那时快，向上一蹿，顺势抬腿就踢。灰狼毕竟是老谋深算，技高一筹，如影随形地跟着往上跳，一口就咬住小黑的一条前腿，头用力一摆就将其放倒在地，接着又是奔向小黑的哽嗓咽喉。

就在这千钧一发之际，只见一道白光闪电般击中恶狼的右眼。大灰狼惨叫一声，跳起有几丈高，落地一滚，仓惶而逃。原来是彩儿情急之下，用花锄为武器，瞄准灰狼的致命处打去。彩儿赶走恶狼，又赶紧为小黑上药、包扎。

彩儿看见天兵天将从四面八方赶来，知道自己和小黑这次是闯下大祸。按照天庭的律条，私自进入御园、斗殴致伤，均要受到严厉的制裁。

经司法官调查，灰狼乃是天狼星的部下，曾因犯罪潜逃，天神骑御马追捕，一直追到灰狼吐血后，才将其活捉，被关押三年。天神骑的那匹御马，就是小黑的父亲黑龙驹。

灰狼对于此事一直耿耿于怀，伺机报复，但想到一来不敢向天将报复，二来自料惹不起黑龙驹，不免有些灰心丧气。

机会终于来了，今天灰狼一见到小黑私自进入御园，不禁暗自高兴，打算来一个突然袭击，不杀死也要将其致残，如果能够遂我心愿，吃马肉，喝马血，那才是极大快事。即使被人发现，那也属见义勇为，驱除犯法者，保卫皇家尊严。

灰狼万万没有想到，百草仙子手下的一个小小丫头，居然如此利害。这才是偷鸡不成反蚀一把米，机关算尽太聪明，险些误了自家性命。

天庭法律判决如下：灰狼和小黑，擅自进入天乐园，斗殴致伤，流放到大唐国玉秀山，除保持本来的狼和马身形外，为免遭猎杀，必要时可以变成一个人。彩儿自我反省，今后不得私自下凡，去人间看望小黑，否则就要变成彩蝶、飞蛾，死后永不得超生。

天庭的法律无情，灰狼和小黑被天兵天将押解到流放地上空，抛到玉秀深山。

由天入地　本性难移

玉秀山，是因为有玉泉河和秀女峰而得名。

玉泉河由山间无数泉水、溪流汇合而成，绕过一座座青山，冲积成一块块沃土，方圆百里，倒也是一派山青水绿，人富年丰的景象。

秀女峰，秀丽挺拔，高耸穿云，峰顶百亩大小，四周环列石壁挡风，中有一小湖如镜，鱼儿成群，仙鹤游弋，蚌壳内明珠有龙眼大小，玲珑剔透，闪闪放光。乌云飘过雨露滋润，阳光普照四季如春，仙草神药遍地，灵芝如伞，人参似臂，均为人间罕有宝物。

玉秀山千山万壑，进山道路错综复杂，沿途又多激流险滩，天梯独木，险处一夫当关万夫莫开。

玉秀山的主人名叫周武，是周家堡的第四代传人，玉秀山被御封为周家世袭领地已有百年。

说起来，周武的曾祖对于大唐王朝，可是功不可没。一次，当时被封为秦王的李世民，率军与敌大战玉秀山下，鏖战七天七夜终于大获全胜。庆功宴通宵达旦，酒后秦王乘兴骑马观景，得意之余拍马狂奔，结果误入盘山道迷失路径，护驾随从也不见了。正所谓人生得意马蹄疾，鬼使神差入绝地。

正当秦王不知所措时，猛听有人大喝一声："奸贼休走，拿命来!"。秦王李世民抬头观看，只见有一彪形大汉，从山崖飞身跃下，手握明晃晃钢叉迎面刺来。山路陡峭狭窄，乘马仓促间难以躲避，一时也来不及拔剑抵挡。秦王当时只觉浑身冰冷，两眼一闭："罢了，我命休矣!"耳轮中就听"嚓—咕咚"声响，秦王不由用手一摸，脑袋还在，睁眼一看，对面那个强盗被一柄利斧劈成两半。

随后就见半山腰有一樵夫攀崖而下。到得近前，询问姓名，言说是本地人叫周义。周义并没有学过武功，但长于攀崖，善使飞斧，刚才见山贼打劫，情急之下飞斧相救，哪知救起的却是未来皇帝。

秦王获救感激不尽，许诺周义如果要钱，可赏赐他黄金，要官，可封他知县。周义是个老实厚道人，当时心想："我斗大字不识一筐，怎能当官，打猎采药自由自在，不愁吃不愁喝，要金子干什么"，因此推辞不受。

秦王想："你是不是以为我在说大话，骗人，立这么大功，不赏怎么行，君无戏言！”于是，跳下马来，拔剑在光滑的岩壁上大书八字“救驾奇功，玉秀相赠”，落款秦王李世民。

大唐立国后九年，李世民取代父亲李渊做了皇帝，派人前来颁发诏书。从此百里玉秀山，世代属于周家私产，文官至此下轿，武官至此下马，堡主见官就大一级，除非见了天子，不向任何人叩头。

第四代周家堡的主人，周武，身高体胖，浓眉大眼，秃头络腮，威风十足，真是一跺脚群山乱颤，人兽惊恐，手握生杀大权，实实在在的一个百里王。

周武其实并非残暴之主，渔农工商，各行各业倒也兴旺。奴才们狐假虎威，仗势欺人的事虽然在所难免，周武知道后也并不一味偏袒。

周武现在就管理着玉秀山这片领地。

周武兄弟二人，胞弟周文，人如其名，文质彬彬，喜读书，好医术，常亲自采药，义务给人看病。每年祖产收入的大部分，都用来周济穷人。周文乐善好施，口碑极好，名气很大，人称周活佛。

周武周文兄弟之间，大面上还算过得去。周文尊重兄长，从不顶嘴。周武虽然觉得这个弟弟行事怪异，有失周家体统，但也并不过分苛求。

话说两头，灰狼被打下界来，凭着其凶残狡诈，道行高深，艺高胆大，不久就把百里境内的狼、熊、虎、豹、鹰、蛇、蝎，都已降伏，成了百兽之王。

一天灰狼高踞山冈，看到周围鸟兽都已乖乖臣服，得意非常，于是问到：“本王是不是百里之主？”众野兽回答：“大王是百里之主”。又问：“还有谁敢管我？”一只不知死活的老熊抢答：“大王也要归周堡主管，他是皇帝爷封的，玉秀山上的一草一木都姓周，百兽都得服其管”。灰狼一听，怒火中烧，大吼一声，一掌就把老熊拍得稀烂。

野兽们一见这种场面，全都吓得瘫软在地，大气都不敢出一声。

灰狼对着苍天骂道：“玉帝老儿，你把我发配到这鬼地方，还得受这个土财主管，真气煞我也！”

它忽然想起：“判书中说我可以变成一个人来保护自己，免遭人类伤害，不知是不是真的？要变我就变成周武，作个货真价实的百里王，一切全归我管，小黑也难逃得出我的魔掌！”于是大声喊道：“我要变成周武！”

说来也真神了，灰狼就觉眼前发黑，再睁眼看时，周围环境就如宫廷一般，奴才、使女毕恭毕敬，列队伺候。自己身躯胖大，穿着绫罗绸缎。

灰狼不由惊呆了，真是做梦都想不到的美事：“就算玉皇大帝，别看他神气活现，威风十足，其实还没有我这么享受，这么为所欲为，想做什么就做什么，现在我就来试一试。”“先要些好吃的，什么好吃呢？对了，听说小孩儿心最好吃，又嫩、又香、又脆。快来人，给我去抓童男童女，挖出心来吃，心要活的！”

管家和奴才们一听，当时就傻了：“什么，小孩儿的心，要吃人的心！?”

自此，灰狼时而变成周武，时而变成灰狼，尽情发泄着欲望和淫威，人间和动物界一时间怨声载道。越是这样，灰狼越是高兴，这才趁它的心，它最喜欢听弱者的哀鸣，看对手垂死的挣扎。

灰狼的一件极大心事，就是要寻找小黑的下落，将其抓获，以便体验蹂躏仇敌的快乐，那才是真正的满足。

灰狼看不惯周文的所作所为，“有福不会享，专为别人瞎忙！”但现在还不敢轻易动他，因为周活佛在老百姓当中的威望太高了，谁敢动一动他，众人就会一齐跟你玩命。

"哼，上山采药，救助穷人，你救得过来吗？我来给你帮帮忙"，于是摇身一变，变成灰狼，在深山召集鸟兽毒虫们开会，让它们各显其能，毒害百姓，有功者赏，偷懒者罚。

兽王有令，谁敢不从。一时间，蝎子、黄蜂、蚊子、蜈蚣、毒蛇、秃鹰、猛兽一齐扑向村镇。于是人间惨祸不断，伤病剧增。

这一来，周文及其属下忙得不可开交。天一亮就得进深山采药，日落赶回制药，连夜对病人进行救治。即使如此，还是力不从心，满足不了需要，而且稍不留神自己也会遇害。

有一种药叫做五灵脂，是一种名贵药材，由生活在悬崖峭壁上的飞鼠所产，外敷用来治疗蛇、蝎、蜈蚣咬伤最好。这一天周文要上悬崖去采集五灵脂，他先用飞爪，抓住崖头一棵小树，整整衣服和工具，然后敏捷地向上攀去。

几十丈高的悬崖眼看就要到顶，谁知突然飞来一只秃鹰，一抖翅膀就把那棵小树打断。周文就如一只断线风筝般，摔了下来。

灰狼蹲在山冈，导演着这幕恶作剧，见到周文摔下来，忍不住哈哈大笑，接着骂道："奈何桥上翻跟斗，你是不知死的鬼！"

可怜周文，从那么高的悬崖摔下，万难活命。

刚才的一幕，恰恰被正在密林吃草的小黑瞧了个正着。在天上还是顽皮稚气的小黑，这时已变成一匹俊美的良驹，通体黝黑发亮，泛着微微紫色光辉，小耳，大眼，宽胸，修体，长腿，铁蹄，仰天长嘶，声震幽谷。

看到灰狼和秃鹰的恶行，小黑恨不得飞奔上前，一脚踢死这帮恶棍，救助下坠的好人。可惜离得太远，远水难解近渴。

“唉，我要是能代替他，为民除害，该有多好！”刚这样一想，就觉身子猛地一撞，疼痛难忍，睁眼一看，自己也愣住了。分明自己就是刚才远远瞧见的那个就要摔死的人。

小黑变成了周文。原来，它忘了，除了保留原形外，还可以变成一个人。

现在可有好戏瞧了，天上的一对冤家，地下又成对头。周家兄弟本来只是性情各异，话不投机，现在的周文周武却成了不共戴天的死敌。

普通人谁也看不出，两个人的身躯没变，却早已换了灵魂。

神驹取义 舍身杀敌

玉秀山，变了天，人间失乐土，苦海漫无边。

灰狼变成了周武，作威作福，杀人无度。灰狼派出探子，四处寻找小黑。

小黑变成周文，虽然遭到周武的刁难，但还不敢公开加害。

为驱除病魔，救黎民于水火，小黑变成的周文更加勤奋地四处采药。由于灰狼和野兽们的糟蹋毁坏，药越来越难采，而病人却是越来越多。

急得没有办法，小黑跑到秀女峰下，朝天长鸣。他多希望彩儿能够听到，能够帮帮他。好在秀女峰顶，是在云层之上，属于百草仙子的一块苗圃。

她常常借着采药、种药的机会，飞到峰顶，撩开云层，寻找小黑下落，观察人间的变化。看到好端端的大好河山，被糟蹋成人间地狱，气愤难平，恨不能抓住灰狼，把它撕成碎片，锉骨扬灰。可惜，天条难违，一失足成千古恨，出了云层就永远难回天庭，只能化作飞蛾，永不得超生。

彩儿听到小黑的悲鸣，急得团团转，两眼冒火，手心冒汗，不知如何才能帮助朋友。一低头，看到如此多的珍贵药材，心想："管不了这么多了，先斩后奏吧，好在百草仙子心眼好，宽宏大量，还是救人要紧!"于是将人参、灵芝、首乌等珍贵药材抛了下去。撕下一幅衣襟，咬破手指用鲜血写道："小黑，保重，危急时，峰下长鸣"。

绝望中的小黑，见到从天而降的药材和书信，乐极了。人常说：久旱逢甘霖，他乡遇故知，可是这些比起小黑今天的喜事，那都算不了什么。

有来自天上朋友的相助，小黑立刻觉得信心百倍，没有什么困难可以吓倒，没有什么敌人不可战胜。

彩儿知道，灰狼生性残忍，手段毒辣，长年修炼，功力远远超过小黑，加上灰狼的势力强大，直接争斗起来，小黑还是难逃活命。

必需为小黑炼制一种神丹，最好是从太上老君那里弄来一粒仙丹，才能助他战胜恶魔，救民于水火。

受伤和中毒的人，吃过周文配制的灵药，很快痊愈，而且一个个精力充沛，不再惧怕毒蛇猛兽。他们组织起来，由周文率领，拿起刀枪棍棒，弓箭火把，向这些毒虫猛兽宣战。众志成城，很快就把这群坏东西从四面八方赶到玉秀峰下。

要扫除一切害人虫，全无敌!

兔死狐悲，物伤其类。灰狼坐不住了，眼看自己的阵营就要土崩瓦解，以周武的身份公开制止，于理不合，而且由于自己的胡作非为，倒行逆施，如今已是众叛亲离，没有多少人真正愿听使唤了。

为今之计，只有破釜沉舟，公开亮相了。

正当众人向野兽发起攻击，即将大获全胜之时，只听一声狼嚎，从山下蹿上一只巨大的恶狼，扑向人群，顷刻之间就死伤十几人。

这太突然了，太可怕了，如何才能制止这场杀戮。等到小黑认出灰狼，伤亡已经很大。

小黑摇身一变，变成一匹黑色骏马，毫不犹豫地扑了上去。只见他，如天马行空，四蹄飞舞，尾似钢鞭，横扫恶狼。一时间势均力敌，止住了灰狼的进攻。虽然这一场狼和马间的恶战谁也插不上手，但是人们可以继续向野兽进攻，战斗异常惨烈。

小黑毕竟年幼，凭一时之勇虽然可以暂时挫伤灰狼锐气，时间稍长就逐渐落了下风。

小黑知道一旦自己落败，后果不堪设想。玉秀山将会豺狼当道，荒无人烟。自己虽然可以拼死，但难救出这方百姓。

“怎么办？还是让人们早点逃命，能够逃出一人是一人”。

于是，小黑寻找一个破绽，变成周文。大喊一声：“大家快逃命！”接着又变成小黑继续战斗，边打边长鸣，催大家赶快离开。

人们终于明白周文的心意，迅速后撤。野兽们由于死伤怪重，已经丧失锐气，也不敢轻易追击。

站在秀女峰上的彩儿，一直注意着事态的发展。她真是后悔：“为什么不能早一点将灵丹送给小黑！”可话又说回来，能早得了吗。太上老君是什么地位，与玉皇大帝平起平坐，自己是什么身份，一个随从丫头，而且是带罪之身。一个带罪的丫头要想得到太上老君的仙丹，谈何容易。

今日仙丹能够到手，多亏神仙们的帮忙，老君的开恩。

听到小黑的长啸，知道他已经筋疲力尽，拖不了多长时间了。照此发展，很快就会看到这样惨景：小黑倒地，灰狼扑上去，撕裂他的胸膛，大嚼他的心肝，眼中闪烁着得意的鬼火，嘴角流露出凶残的狞笑。野兽们在灰狼的驱使下，冲向还未逃远的人群，疯狂地向人们进攻，争抢着残破的肢体……

“不能再等了！”彩儿纵身跳进云海，箭一样射向战场，在灰狼一愣神之间，把一粒仙丹塞进小黑嘴里，张嘴刚要说句话，就觉身体轻飘飘地，已经变成了一只彩蝶。

小黑明白了，彩儿为了自己，这么一匹微不足道的马，一匹只会给朋友带来麻烦和厄运的马，葬送了自己的大好前程，宝贵的生命。是我，把她从天堂拖进地狱，而且是万劫不复的地狱。

小黑后悔，后悔自己调皮连累彩儿。小黑愤怒，愤恨眼前这可恶的灰狼。

服过灵丹，小黑立刻就觉得浑身燥热，肢体暴胀，内力潮水般涌动，激荡，浑身就如一块炙热的铁，迫切希望重锤来锻打。

灰狼没弄明白刚才发生了什么事，因为太快了，还以为就是一只该死的蝴蝶，偶尔飞进战场。

灰狼这时眼中的小黑，已是穷途末路，不堪一击。犹如老猫，看待爪下按住的一只小老鼠，命运完全由自己安排。

灰狼傲慢地向着野兽们，努努嘴，意思是干脆大家一齐上，一举杀掉小黑算了，满足一下野兽们的口福，圆一圆当年天乐园自己未遂的心愿。

此时的小黑已不是彼时的小黑了，他完全可以在短时间内杀死灰狼。因为服过仙丹后内力越来越强，而且是越斗越舒服。

但他一想起彩儿已经化蝶，自己独生，何趣？再说，不速战速决，野兽向逃离的人群进攻，伤亡不堪设想。因为自己的过错，给黎民百姓造成如此巨大伤亡，何忍？

灰狼又攻上来了，猛兽攻上来了，它们想要把小黑撕成碎片。

挨近小黑了，灰狼叼住咽喉，虎豹咬住了四肢，黑熊揪住马尾，秃鹫跳上马背，蛇蝎焦急等待着即将到口的残渣和血水。

野兽在撕咬，但是小黑的肌肤越来越硬，肢体越来越大，足足胀大了五倍。

小黑已经下定决心，与敌人同归于尽，保护一方平安，也好早一点去会见对自己最亲的彩儿。

一声惊天动地的爆炸，战场上已无一个活物，小黑的身体全部变成了黑色的碎屑，射穿敌人身体的碎屑，还带着红色的血迹。

佛祖旨意　蚂蚁玄驹

百姓们目睹了在玉秀山发生的一切，他们默默地站了很久，然后静静地下山。

玉秀山没有了主宰，人们亲眼见到，周武变成的恶狼，残害了那么多的乡亲。周武的子女，也以有这样的父亲为耻，不愿再做堡主。其实人们哪里知道，这是大大冤枉了周武。

肉眼凡胎，怎能分得清人和鬼。没有了土皇帝，人民生活更自由，更富裕，何乐而不为。

玉秀山也没有了活佛周文，人们亲眼见到，他变成一匹黑色的骏马，到秀女峰下向苍天求药，大战灰狼，保护了百姓，自己却粉身碎骨。

“不行，没有堡主可以，没有周文不行!”“周文是百姓心中的佛，黑马是玉秀山的神!”“周文是神马下凡，拯救百姓，惩治恶魔!”百姓们心潮澎湃，群情激奋，他们一定要表达自己的心愿。

于是，在秀女峰下，小黑捐躯的地方修建了一座庙——神马庙，内塑的金身是周文，庙前黑色巨石，精雕细刻成一匹神骏的黑马，黑马就是小黑。

玉秀山的人们想念周文，怀念小黑，经常到庙里来烧香、许愿。消息传播开来，越传越远，越传越神，每天不远千里前来参拜的人络绎不绝，香火昼夜不断。

香烟缭绕，顺秀女峰直达天庭。玉皇大帝和王母娘娘也被搅得心神不宁，掐指一算，知道必有内情。问：“众卿，有谁知道玉秀山发生了什么事情?”

百草仙子走向前来，把彩儿、小黑和灰狼之间的恩怨纠葛，原原本本禀报。百草仙子非常思念彩儿，早想为她的遭遇鸣不平。

但是，事关生死轮回的大事，玉皇大帝和王母娘娘自己也难做主，他们对于彩儿和小黑的遭遇也表示同情，于是委托南海观世音菩萨，到灵山，向西天如来佛祖求教。

佛祖有三大化身，即过去、现在、未来佛。也就是在佛殿中自左向右的三尊佛：阿弥陀佛、释迦牟尼、药师佛。

阿弥陀佛听完菩萨讲述，沉吟良久，道：“小黑，义马也，就付予其碎骨以生命吧”，细小碎屑只能归虫部，于是提笔写下“蚂蚁”二字。本意是要写“义马”二字。古代行书是从右至左写，但人们习惯从左向右念，结果就成了现在的蚂蚁。

释迦牟尼听后，点了点头，心想再不能让它俩遭受伤害了，于是对众弟子道：“扫地勿伤蝼蚁命，爱惜飞蛾纱罩灯”。由此，不管和尚还是尼姑，凡佛家弟子，经常要念佛祖这道旨意，以示慈悲。

药师佛祖掐指一算，道：“小黑本天马，遍尝百草，服过老君仙丹，粉身化作蚂蚁，实为仙药，赐名玄驹。”

佛祖旨意传到了玉秀山，人们就把庙改为玄驹庙，药用的蚂蚁称作玄驹。

并不是什么蚂蚁都叫玄驹，玄者黑也，只有那些体黑，或体黑中间有红色的才可叫玄驹，据说前者是小黑身体爆炸成的碎屑，后者是碎屑穿透敌人身体后带上了血。

周文不在了，小黑不在了，当人们得病时，就到玄驹庙附近去寻找玄驹，用来治病，特别是山区常见的腰痛、腿痛、关节痛、失眠多梦、浑身乏力等，非常灵验。玉秀山的人，体健、长寿，据说与长期服用玄驹有关。

玄驹多生活在树林、山冈，不过药性最好，治疗最有效的玄驹，是生活在树上，颈部有几根小刺（据说这是马鬃变的）蚂蚁，人们习惯叫它们“拟黑多刺蚁”，“拟”的字义就是像，说这种带多根刺的蚂蚁最像小黑。

拟黑多刺蚁有的也长翅膀，会飞，后来它们就飞向各地，只要有温暖潮湿、树木繁茂的地方，就能安家，传播后代，造福百姓。

据说，彩蝶多的地方，拟黑多刺蚁也多，这是小黑为了陪彩儿玩儿。

不信，春暖花开日，你悄悄走近花间或草丛看看，美丽的彩蝶常常和雄壮调皮的玄驹在一起。

主要参考书目

1. 江静波等．无脊椎动物学．第2版．北京：高等教育出版社，1983
2. 库宝善．动物与人行为探秘．北京：北京医科大学、中国协和医科大学联合出版社，1992
3. 田中義廣訳，M・Y―テルリンク著．蟻の生活．東京：工作舎，1981
4. 斉藤哲等．新応用昆虫学．東京：朝倉書店，1986
5. Robert Trivers，Social evolution. California.，Meulo Park；The Benjamin/Cummings Publishing Company lnc，1985
6. 田中茂穂等．全集日本動物誌13．東京：講談社，1983
7. 吴志成等．蚂蚁与类风湿性关节炎．南京：江苏科技出版社，1991
8. 森下正明．動物の社会．東京：共立出版株式会社，1976
9. P・J・B・スレ―タ著，日高敏隆，白瀨浩訳．動物行動学入門．東京：岩波書店，1988
10. 伊藤嘉昭著．動物の社會行動．東京：東海大学出版社，1982
11. 梅谷献二．虫の博物誌．東京：築地書館株式会社，1986
12. 東正剛，今森光彦．クロォォアリ．東京：集英社，1985
13. 今井弘民著．アリカらのメッセジ．東京：裳華房，1988
14. 大宫信光．生物の雑学事典．東京：日本業出版社，1989
15. 松本忠夫著．社会性昆虫の生態——シロアソヒアリの生物学．東京：培風館，1983
16. Rahn JE. Biology—The Science of Life 2nd edition. New York：Macmillan Publishing Co Inc，1980
17. Atkins MD. insects in Perspective. New York：Macmillan Publishing Co lnc，1978
18. Vevers G. Ants and white ants. London：The Bodley Head，1966
19. Lubbock J. et al. Ants Bees and Wasps. London：Kegan Paul，Trench，Trubner&CO. 1929
20. 唐觉等．蚂蚁．生物学通报，1986：第7期
21. 施金德，胡开梅．黄蚂蚁对西瓜的危害及防治办法．贵州农业科

学，1985：第 2 期
22. 陈清，卢国珵. 微量元素与健康. 北京：北京大学出版社，1989
23. 库宝善，庄鸿娟. 失眠与睡眠. 北京：北京医科大学、中国协和医科大学联合出版社，1993
24. 库宝善主编. 药理学. 北京：北京大学医学出版社，2004
25. 姚海燕，库宝善等. 复方一身清通便作用的研究，中国临床康复杂志，2006